呆萌可爱的
动物造型羊毛毡口金包

[日] 伊藤规子 / 著

吴一红 / 译

U0347343

中国纺织出版社

本书中的作品都是造型尤为小巧玲珑的口金包，

我称之为"袖珍口金"。

迷你的尺寸只够塞下几枚硬币，

若作为零钱包使用，或许有点不太实用。

但是，有些好物不必实用，"拥有"本身就足以怡情悦性。

就比如，包包或服装细节设计的重要细节之一——口袋，等等。

而本书以动物造型呈现的。

琢磨着将什么样的东西收入小小"口金"之中，

亦不失为一大乐趣。

为了让大家感受手作的无穷魅力，本书设计了各式各样的动物造型。

而口金包以球型和蛋型为基本型，

因此每一款小动物都有着圆滚滚的小身躯，

脸部表情则洋溢着一股呆萌可爱的气息。

殊不知，在那呆萌可爱气息的背后，竟承载了满满当当的技巧与手法。

刚开始可能你会觉得很难上手，但羊毛毡的好处就是经得起折腾。

只要不放弃，待作品诞生之时，那种成就感自是不言而喻的。

初学者可以从球型开始着手尝试。

就好比将鸡蛋置于手心，给予温暖和呵护，慢慢地孵化出小鸡那样，

请耐心地投入到口金包的制作过程中。

我已经等不及想看看你亲手制作的袖珍口金包，一定萌翻了。

伊藤规子

第一次制作动物口金包时，我选择的是刺猬造型。
尽管随着时间的推移，这个作品在造型上迎来了一些变化，但直到今天她的受欢迎程度依然不减。

麻雀
20
制作方法—67

文鸟
21
制作方法—68

绣眼鸟
22
制作方法—69

银喉长尾山雀
22
制作方法—70

公鸡
23
制作方法—71

小黄鸭
24
制作方法—72

马口铁金鱼
25
制作方法—73

小猪储蓄罐
25
制作方法—74

兔子
26
制作方法—75

花栗鼠
26
制作方法—76

熊猫
27
制作方法—77

小粉猪
28
制作方法—78

刺猬

HEDGEHOG

或俯卧，或露肚皮。

变换五官和四肢的位置，

以呈现刺猬特有的姿态。

用毛线制成的棘刺，

触感十分柔软。

制作方法 — p.52

绵羊

SHEEP

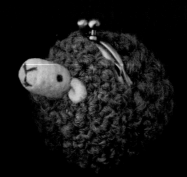

3只毛色纯正，体躯丰满，被毛绵密的绵羊。

用毛线制作卷曲的毛圈，

令成品的躯体蓬松绵软。 制作方法 — p.54

彩虹绵羊

RAINBOW SHEEP

用彩虹色的手纺线，
呈现出犹如陶醉于美妙梦境般
恬静而满足的神态。

制作方法 — p.54

企鹅宝宝

BABY PENGUIN

两只企鹅宝宝和企鹅妈妈。

在企鹅宝宝的鳍翅部分采用刚柔相济的包芯线，

以增添灵动感，赋予活泼的趣味。　　　制作方法 — p.55

帝企鹅
EMPEROR PENGUIN

制作方法 — p.56

背上顶着一朵鸡蛋花，

畅游于南部湾海域的海龟。

龟壳采用两种羊毛相叠加的方式，

以打造自然的纹理。

制作方法 — p.57

两只来自北极的小伙伴，周身雪白而纯洁。

以蛋型为基本型，

打造出圆滚光滑的可爱身形。

制作方法 — p.58,59

北极熊 & 海豹

POLAR BEAR & SEAL

猫头鹰

万籁俱寂的夜里，
它发现了什么呢？
给炯炯有神的眼睛周围加上一圈黑眼线，
打造冷俊深邃的眼眸。

制作方法 — p.60

14

棕熊 & 黑熊

试着变换毛色和花纹，
制作两款不同模样的熊熊吧。
瞧，它们正在罐子上忘我地玩耍着呢，
哎呀，"扑通"一声，竟一头栽进去了！

制作方法 — p.61

柴犬
SHIBA

制作方法 — p.62

三色猫
CALICO

两只日式风格的小家伙，温和友善。

掌握大致的做法后，

不妨试着制作自家的"小主人"同款。

制作方法 — p.63

鼯鼠 & 蜜袋鼯

FLYING SQUIRREL & SUGAR GLIDER

用羊毛包裹包芯线制作出的前后肢，

和由羊毛片细致戳制而成的翼膜，

可展现出轻盈滑翔于空中的灵活姿态。

制作方法 — p.64,65

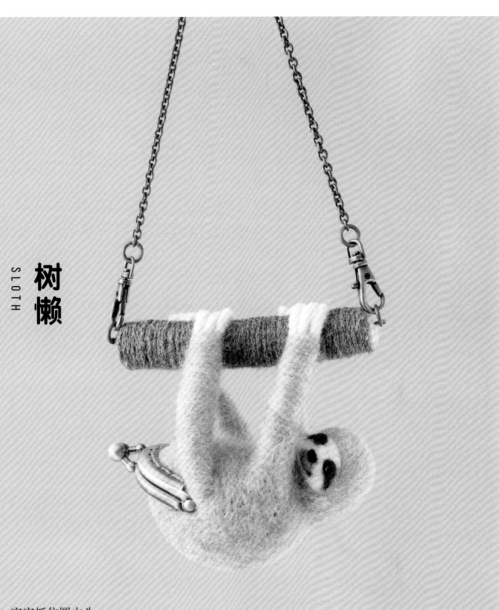

树懒

SLOTH

牢牢抓住圆木头，
嘴角微微含笑的树懒。
可把它垂吊在链子上作为小饰品，
晃悠悠地带出门溜达。

制作方法 — p.66

麻雀

身形圆滚滚的呆萌小麻雀。

可根据个人喜好，

调整嘴巴和眼睛的位置，

以呈现不同的脸部神态。

制作方法 — p.67

左边是灰文鸟，右边是白文鸟。

眼周用红色羊毛描眶。

嘴部则用渐变色呈现。

制作方法 — p.68

绣眼鸟 & 银喉长尾山雀

WHITE EYE & LONG-TAILED TIT

或色彩鲜明，或低调淡雅，

或丰满，或瘦长。

小小的鸟儿们，

身上浓缩着口金包的许多基本技巧。

制作方法 — p.69,70

公鸡
ROOSTER

两只尾巴蓬松，气质颇为华丽的公鸡。

按照国外绘本中常见的配色，

试着制作别具异域情调的口金包吧。

制作方法 — p.71

23

小黄鸭

NOSTALGIC TOYS

制作方法 — p.72

房间角落里

一抹复古而又亮丽的风景。

精致的造型，乍眼一看跟玩具似的。　　制作方法 — p.73,74

NOSTALGIC TOYS
小猪储蓄罐

NOSTALGIC TOYS
马口铁金鱼

兔子 & 花栗鼠

RABBIT & SQUIRREL

脸蛋儿胖乎乎的小兔子，和揣着小蘑菇的花栗鼠。

眼周加上一圈白色眼线后，

水汪汪的大眼睛和一脸无辜状，简直我见犹怜。　　　　制作方法 — p.75,76

PANDA

熊猫

一副慵懒悠闲姿态的熊猫。

通过变换口金的位置，即使是同样的躯体，

也能呈现出不同的姿态。

制作方法 — p.77

小粉猪

PIG

集万千宠爱于一身的小猪。
用粉色系羊毛，
打造讨喜可爱的表情，
带来满满的好运和好心情。

制作方法 — p.78

猜猜看这都是哪些小家伙的小屁股？

基本材料与工具

本章将介绍本书所使用的材料与工具。
羊毛和毛线各色各样，让我们结合作品需求来做准备吧。

◉ 羊毛与毛线

1.针毡用羊毛
Natural Blend系列

成品毛质略短，较有绒感，给人以自然的感觉。

2.针毡用羊毛
SOLID系列

100%美利奴羊毛。特点是颜色繁多，色彩绚丽。

3.针毡用羊毛
Natural Blend Crayon 系列

特点是颜色属于较深的暖色系。

4.Needle watawata系列

用于制作立方体的基底。只要轻轻地戳刺，就能轻松使纤维结构紧密纠结。

5.Felket 系列
（M号）

轻薄的羊毛片。广泛包裹口金包的基底和主体等部位。

6.Sonomono Slab
<极粗>

用于制作绵羊身体上的毛发。特点是羊毛的天然原色和不规则的纹路。

7.FELTING YARN LOOP 系列

用于制作小刺猬。带有小小的线圈，成品质感蓬松。

8.手纺线

手工将羊毛纺成的毛线。用于制作彩虹绵羊或公鸡的尾巴和翅膀等部位。

9.Color Scoured系列

用于制作乌龟的甲壳。保持羊毛刚收割后的卷曲状态，给人以蓬松的质感。

＊1~7、9、10来自HAMANAKA品牌
＊8来自RAINBOW SILK品牌

◉ 其他材料

10.口金

本书使用的是宽4cm、5cm的缝制款袖珍口金。

11.9型针

用于树懒作品中的圆木。负责连接圆木的芯和链子。

12.缝纫线

用于缝制口金的普通缝纫线。

13.保利龙球（蛋型）

制作本书中作品的核心材料。本书使用的尺寸是短径45mm或50mm。

14.保利龙球（球型）

制作本书中作品的核心材料。本书使用的尺寸是直径45mm。

＊保利龙球（蛋型）的长径因生产厂商而异。虽然本书使用的尺寸是58mm×45mm或70mm×50mm，但请尽量使用短径相同的保利龙球。

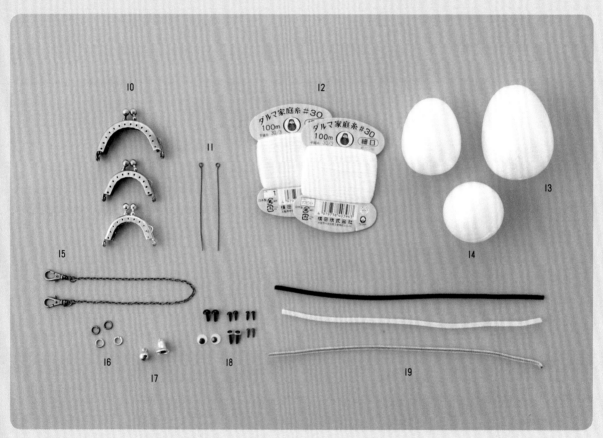

15.龙虾扣与链子

安装于袖珍口金上，可以将包包制成小吊饰。两种材料要分别购买。

16.开口圈

用于连接链子或皮绳，根据需要安装在袖珍口金上。

17.圆铃铛、喇叭口铃铛

用于装饰三色猫或绵羊等动物的颈部。

18.眼睛配件

用于制作动物的眼睛。尺寸和形状各式各样，依作品需求选择。

19.包芯线

作为需要张力和强度的部位的内芯。本书使用的是粗3mm的铁丝。

◉ **基本工具**

20.专用戳针

通过用该工具将羊毛戳刺成型。针尖呈锯齿状，不断戳刺让羊毛的纤维结构紧密纠结，从而达到毡化。

★推荐可乐（CLOVER）的戳针

21.定位珠针

用于暂时固定羊毛或确定眼睛的位置。

22.手缝针

用于缝合口金。使用的是稍短针。

23.记号笔

用于做记号。图中列举的是一款会自然消色的粉笔。

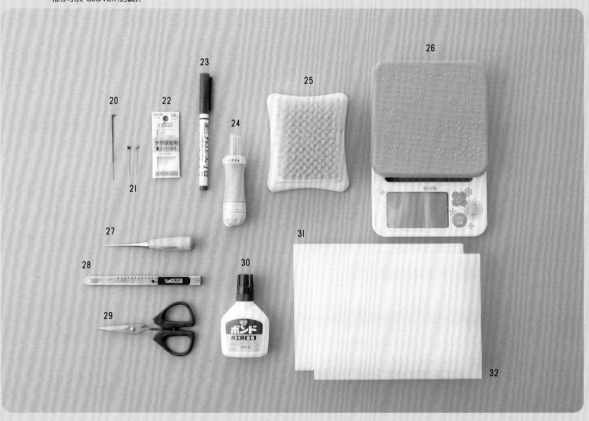

24.5针戳笔

用羊毛制作羊毛片时与工作垫搭配使用。

25.工作垫

戳刺时将其垫在羊毛下面，可加快定型。

26.电子秤

用于称量羊毛。使用的是可精确到0.1g的一款秤。

27.木锥

用于在羊毛上戳出插入眼睛扣的孔和安装口金。

28.刻刀

用于给毡化后的羊毛打开一道口子，以便安装口金。

29.手工专用剪

用于剪开羊毛和毛毡以及缝纫线。尖端尖锐锋利的一款剪刀。

30.胶水

用于粘合口金和毡化后的羊毛，以及粘合针孔。

31.泡沫工作台

防止用针戳刺时损伤桌面的一款防护用底垫。

32.泡沫台专用薄棉片

铺在泡沫台上起到保护作用，防止泡沫台戳孔过大。

★31、32来自HAMANAKA品牌 ★20、22、24、25、27来自CLOVER品牌

◉ 湿毡工具

33.耐热塑封袋

使用可承受60℃以上的温度，不会渗水的袋子。用于放入羊毛、热水和洗涤剂。

34.毛巾

用于擦拭毛毡上的水分。折叠后也可作为针垫使用。

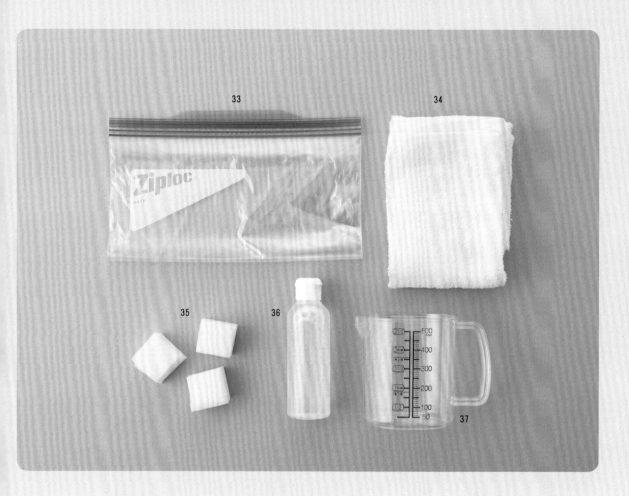

35.海绵

放入袖珍口金中，以防止基底变形。可将厨房用海绵剪切成小块后使用。

36.中性洗涤剂

用于加速羊毛毡化。推荐不易残留泡泡的餐具洗洁精等。

37.量杯

用于量取热水。使用烹饪用的200~500ml的量杯即可。

基本制作方法

本章将介绍袖珍口金的基本制作方法。
让我们接着来看看湿毡加工法和躯体各部位的连接方法吧。

绵羊

● 材料

基底
- **保利龙球** …… 直径45mm的球型
- **Felket M号** …… 304（粉色）1片
- **羊毛** …… 自己喜欢的颜色4g
  ＊虽然完成后，躯体的颜色会被外部的毛线遮挡，但还是尽量采用和毛线同色系的颜色较为稳妥。
- **口金** …… 宽4cm（做旧款）H207-015-4

部位
- **Needle watawata** …… 310（原色）0.5g
- **脸部、耳朵** …… 803（浅褐色）少量
- **被毛** …… Sonomono Slab<极粗>31（原色）10g
- **眼睛、鼻子、嘴巴** …… 41（褐色）少量

其他
- **其他** …… 喇叭口铃铛、串连喇叭口铃铛的羊毛线、开口圈、毛线

1 制作袖珍口金的基底（内侧的颜色）▶

＊ —→ ＝下针方向

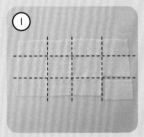

① 将Felket M号的羊毛片裁剪为12等份。每份尺寸约125mm×80mm（本书中以此作为1片的基本尺寸）。

② 将1份裁剪好的Felket羊毛片短边放在上，用手左右对半撕开。

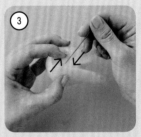

③ 将其中1片从纵向包裹保利龙球一圈，将针放平，使接缝处顺沿保利龙球，然后戳刺，以缀合接缝。

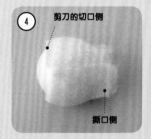

剪刀的切口侧

撕口侧

④ 缀合处尽量不要留下羊毛片的接缝。保留撕口侧的蓬松部分。

⑤ 戳刺，使蓬松部分挨近中间位置并缀合。

⑥ 约2/3的保利龙球被包裹。

⑦ 将步骤②中的另一片羊毛片长边在上，左右对半撕开，然后包裹保利龙球剩余部分。

⑧ 戳制，尽量不要留下接缝处，直到表面平整均匀。

2 制作袖珍口金的基底（外侧的颜色）▶

将前一步骤中剩下的羊毛片撕碎并戳刺，以填平不平整或未包裹的部分。

*羊毛片不够时，酌量补充。

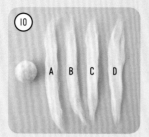

准备比保利龙球周长略长的羊毛，将其4等分。将4等分后的羊毛整理成相同的宽度。

用第1条（A）羊毛卷绕保利龙球，从前端往卷绕的方向戳刺，使其固定于内侧羊毛上。

卷绕一周后，用手撕除多余的羊毛。

[羊毛的卷绕顺序]

图为戳刺后的状态。参考右图将剩余的3条羊毛（B~D）朝不同方向卷绕，并以同样的方式戳刺。

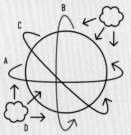

将D撕碎后，分为2等份（方法参照p.40），根据图中的位置戳刺，包裹整个球面。

撕碎步骤⑫、⑬中剩下的羊毛，戳刺以填平不平整或未包裹的部分。

戳刺至整体平整均匀后，口金包的基底就大功告成了。

3 用热水毡化 ▶

将沸腾过的热开水和常温水以1:1的比例混合，调制成50~60℃后，往里面滴入3滴左右的中性洗涤剂。

将袖珍口金的基底放入耐热塑封袋中，加入步骤⑯调配的水至整个基底被浸没。用手揉搓基底，直至热水渗入羊毛中后，再倒掉热水。

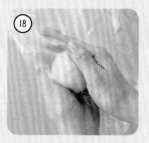

双手用力转动基底约10分钟，使羊毛毡化。也可以放桌子上滚动。

用毛巾轻轻擦拭水分后，用刻刀在要安装口金的位置划开一道口子。图为55mm的切口。

20 再次将基底放入袋中，并加入热水，以切口处的羊毛为中心，揉搓10分钟，使其毡化。

21 倒掉热水然后换上干净的水，摇晃袋子，以将洗涤剂冲洗掉。如此反复操作2~3次。

22 用毛巾充分擦拭水分，使基底干燥。

23 干燥后的基底，羊毛会因收缩而裂开一道口子。

24 待基底完全干燥后，用喷壶喷湿整个基底。

＊也可在半干（触摸时手不会沾湿）的状态下直接进入步骤㉕。

25 以图中所示的姿势握住基底，将内部的保利龙球慢慢地往外推出。

＊需施加较大的力度，但不用担心会破坏基底，使劲推出保利龙球即可。

26 取出保利龙球后，基底上会出现褶皱，此为正常现象。

27 如实在取不出保利龙球，可在两端分别剪开1mm左右的切口后再取出。

＊切口的修整方法请参照p.47。

4 安装口金 ▶

28 往基底塞入少量海绵，以便抓握。

29 如图所示，将切口处的毛毡向内侧推进约5mm，然后安装口金。

30 从正中向两端，用锥子将毛毡往口金的凹缝里填塞。

31 用粗缝线（如无则用缝纫线）以卷边缝的方式，暂时将口金缝于基底上。

[口金的缝制方法]

32

另一侧也以同样方式暂时固定。

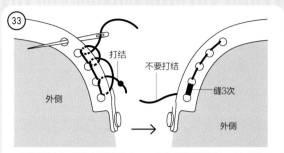

33

打结

不要打结

外侧

缝3次

外侧

开始缝制时，将线穿过针后对折、打结，从口金内侧穿针，自下往上数第2个孔穿出，以回针缝的方式缝制口金。

缝完后线不用打结，来回重复缝3次，留少许线头，剪掉多出的线。用锥子将线头塞入口金的缝隙中。

关于口金

开始缝制的孔

口金内侧沿边缘有一排小孔，缝线时紧贴边缘就不容易看出接缝。

34

口金固定好后的样子。另一侧也以同样方式缝好，然后拆下粗缝线。

35

在锥子上蘸一点胶水，再顺着口金内侧的接缝处，仔细涂抹在口金与羊毛的接合处。

36

往基底中塞满海绵，使褶皱撑平，然后闭合口金。

37

如闭合处附近的毛毡仍有褶皱，可以用锥子将毛毡往口金里再填塞一些加以调整。

5 制作脸部配件 ▶

38

30mm

准备宽度等同绵羊脸部长度的Needle watawata（绵羊的脸部纸型→p.54）

39

卷成圆筒状。

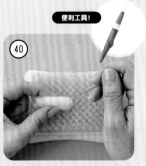

40

3针戳笔

便利工具！

仅其中一侧（图中左侧）保留蓬松状，另一侧用戳针戳刺成脸部的形状。

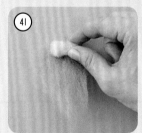

41

用适合脸部颜色的羊毛包裹基底。

6 安装开口圈 ▶

(42)

其中一侧（图中左侧）保留蓬松状，用戳针将另一侧羊毛戳成脸部形状。

(43)

用撕碎的羊毛修饰羊毛纤维的卷绕方向，戳刺至平整均匀。

(44)

将羊毛的蓬松部分置于基底上仔细戳刺，以固定在脸部位置上。

(45)

将毛线（长50~60mm）穿过开口圈。

7 往躯体添加毛线 ▶

(46)

将穿过开口圈的毛线戳刺固定于口金安装环的对称位置上。

(47)

戳好后，用剪刀剪掉多出的线头。

(48)

将制作绵羊毛的材料Sonomono Slab前端戳刺固定在脖颈根部（步骤㊻也以同样方式绕圈戳制）。

*用戳针将羊毛线戳刺固定在基底上，呈现出羊毛状的效果。

(49)

一边用大拇指按住毛线，一边用戳针将毛线松开约1cm左右，如图所示，再用戳针往根部戳刺，做出圈状，仔细来回在根部戳刺4、5次加以固定。

8 制作耳朵 ▶

(50)

一边用毛线戳制小毛球，一边绕满绵羊的躯体。

(51)

将制作耳朵的羊毛材料卷绕在戳针上，长度约30mm左右。

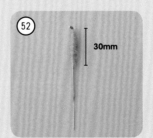

(52)

30mm

图为卷绕完毕的状态。

(53)

从戳针上抽出羊毛，放在工作垫上戳至毡化。

9 安装喇叭口铃铛 ▶

对半折后再次戳至毡化，注意留出折痕。	另一只耳朵也以同样的方式制作。	用定位珠针暂时将耳朵固定，再用戳针戳刺固定。	用手缝针将制作项圈的毛线材料从耳朵根部穿过去。

10 用羊毛刺上眼睛、鼻子、嘴巴 ▶

将铃铛穿进上一步骤的毛线上，再次用手缝针将毛线穿过耳朵根部。

用戳针将毛线戳刺进耳朵根部，并沿着根部剪掉多出的毛线，将线头戳刺进去。

将准备用于制作眼睛、鼻子、嘴巴的羊毛揉搓成细毛线。

在鼻子的中心扎定位珠针，再将细羊毛挂住呈V字形，然后从鼻子中心开始戳刺至毡化。用剪刀剪掉多余的羊毛。

完成

用同样的方式戳制鼻子下方和嘴巴。

用记号笔描画眼睛。

用制作鼻子的方法在记号位置戳刺细羊毛，作为眼睛。以同样的方法戳制另一只眼睛。

小绵羊制作完毕，丰满松软的小身躯可爱十足。

基础技巧

本章将介绍各个作品中常用的制作技巧。

羊毛由纤维构成，可塑性很强，让我们利用羊毛的这一特性来创作吧。

毛毡的处理方法

[撕碎]

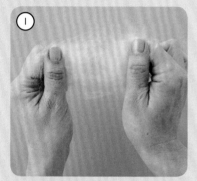

用指尖将羊毛撕成棉絮状。对于纤维较长的 SOLID 系列羊毛，操作时需要特别仔细。

左边是初始状态的羊毛。右边是撕碎后纤维变短的羊毛，用于填补接缝处或呈现渐变色效果。

[混合颜色]

撕碎并混合两种颜色的羊毛，打造出一种柔和的中间色。

[卷绕]

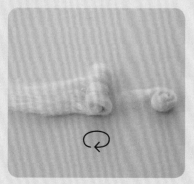

对于脸部等立体部位，要通过卷绕羊毛，制作出厚度和立体度，再戳至毡化。通过改变卷绕长度和厚度，可呈现出各种各样的形状。

[折叠]

对于小鸟的翅膀等较为扁平的部位，则是以折叠羊毛的方式增加厚度。

[揉成团]

对于肉球和鼻尖儿等小巧圆润的部位，则以揉搓的方式制作。

[自制羊毛片]

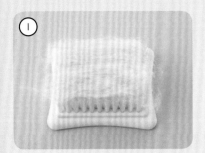

① 将羊毛纤维平整地铺在工作垫上。

② 将步骤①的羊毛纤维往垂直方向刷，然后再铺上一层羊毛。

③ 使用戳笔，刚开始时深戳，而后再慢慢转换为浅戳。

④ 将变成片状的羊毛掀起来，翻面后继续戳刺，使毡化。如此正反面重复操作4次。

⑤ 羊毛片制作完毕。
*约使用1g的羊毛。

FELKET和自制羊毛片

在给厚度均等的作品做大范围的着色时，用羊毛片较为方便。由于羊毛已经过一定程度的戳刺毡化，因此也能以裁剪的方式，裁成自己喜欢的形状后再使用。如果想要市场上销售的FELKET所没有的颜色，那就自己动手制作吧。

保利龙球的处理方法

[切割保利龙球]

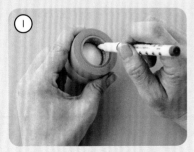

① 根据要裁切的形状，在要裁切的位置画线。对于企鹅或鸟类等需要把保利龙球裁切成直径30mm的作品，用一卷内径为30mm的胶带辅助描画会很方便。

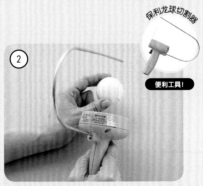

保利龙球切割器

便利工具！

② 使用保利龙球切割器或一般的刻刀，沿着描画的线进行切割。

③ 切割好的保利龙球。用于制作口金包的基底。切割的位置因作品而异。

各部位的塑形方法

本章将介绍身体部位的塑形技巧。
大家可运用到各种动物造型中。

翅膀 用下面的方法制作出小鸟扁平的翅膀。

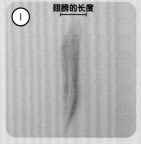   

准备宽度等同翅膀长度的羊毛。取适当的纵向长度，如太长，可在制作过程中撕掉调整。	从上侧开始折叠，折成翅膀的尺寸。	放置于工作垫上，连接身体的部分要保留蓬松状态，其他部分用戳针戳至毡化，形成翅膀的形状。	背面也以同样的方式戳至毡化，翅膀的基底就制作完毕了。这里用细羊毛戳制翅膀的纹路。

熊的脸部 制作立体的半圆。可运用到所有的动物造型中。

卷绕Needle watawata至脸部的宽度和高度，将漩涡面朝上，然后用戳针戳刺，使毡化。	戳制为半圆形的状态。	揉搓羊毛，做成小球状，并戳刺固定，作为鼻子。	确定鼻子的位置后，用定位珠针暂时固定，再戳制。然后，用制作身体的羊毛包裹整个头部。 *此时，也可先包裹制作头部的羊毛后再加上鼻子。

三角耳 可运用到柴犬和花栗鼠等动物的造型中。

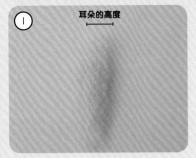

① 耳朵的高度

准备宽度等同耳朵高度的羊毛。

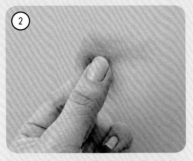

② 将羊毛于水平方向捏住，把左侧羊毛往斜右下方折叠。

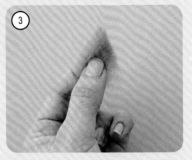

③ 右边也同样往斜左下方折叠，做出一个三角形。

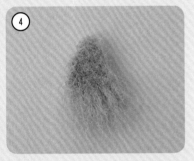

④ 用戳针进行戳刺毡化，做出耳朵的基底。下侧保留蓬松状。

⑤ 戳制比耳朵的尺寸小1mm的三角形羊毛片，然后固定到耳朵处。

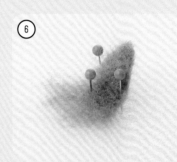

⑥ 三角耳制作完毕。如图所示，把耳朵装到头部时，要折弯三角形，用定位珠针固定后再戳刺固定。

熊的四肢 做出小熊四肢的弯曲状。

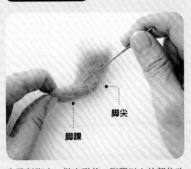

脚尖

脚踝

先戳制脚尖，做出形状，脚踝以上的部位改变方向，如图戳制成扁平状。

[黑熊]

[熊猫]

[棕熊]

[北极熊]

伊藤
风格

多种颜色的制作方法

制作混合了两种以上颜色的花纹时，常见的技法是将撕碎的羊毛一点一点覆盖上去
（参照下列"制作渐变色效果"），但如果用羊毛片（p.41），
即使对羊毛的处理方式还不熟练的情况下也比较容易上手。

| [两种对比分明的颜色] | [连接头部和腹部的颜色] | [制作渐变色效果] |

①

准备想要呈现渐变色效果的两种颜色的羊毛片，用剪刀按照纸型裁下。

①

用剪刀将羊毛片裁剪成三角形，底边则保留蓬松状。

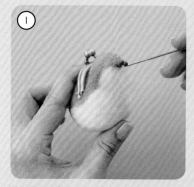

①

将用作喉咙部位的羊毛从紧邻嘴巴下方的位置，慢慢戳刺上色。

＊也可以使用撕碎的羊毛片。

②

用戳针仔细戳刺颜色的交界处，使交界分明。

②

用步骤①的羊毛包裹头部与躯体的连接处，用戳针戳至毡化。

②

将戳针朝向颜色较浅的方向，戳至与躯体相融合为止。

[连接头部与背部的颜色]

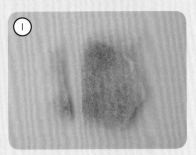

① 准备自制的羊毛片，用剪刀整齐地剪掉一边。

② 将整齐的一侧包裹住头部，给头部上色。

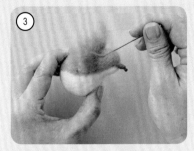

③ 先戳刺好颜色的交界处后，再朝着背部慢慢戳刺。

④ 遮盖住颈部的连接部位后，在紧邻口金的部位将多出的羊毛片剪掉。

⑤ 用戳针戳刺裁剪处的羊毛，使其埋入口金下方，与躯体的羊毛相融合。

会用到各种技法哦

部位的连接

[戳刺至与躯体合为一体]

将羊毛的蓬松部分覆盖与其他部位的接合面，并戳至毡化。不易接合时，可补充一些撕碎的羊毛。

*对于绣眼鸟，在接合时要制作出渐变色的效果。

[明确区分交界处]

① 企鹅的头部和躯体之间颜色有明确区分的交界处，用戳针戳制时，要将各色羊毛埋入交界处，做出分明的界线。

要明确区分好颜色哦

② 清晰鲜明的交界处完成。

包芯线的使用方法

仅靠戳刺羊毛难以呈现出富有张力和硬度的造型，
对于手臂和尾翼、嘴巴等部位，可以用包芯线作为基底来支撑造型。

[制作较小部位的基底] 鸟喙

   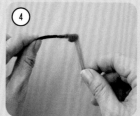

在包芯线前端30mm左右的部位卷绕羊毛。

＊包芯线太短的话不易于操作，请准备比指定尺寸稍长的包芯线。

在工作垫上戳至毡化时，要避开包芯线中心的铁丝。

用尖嘴钳将前端5mm左右折弯，做出鸟喙的形状。

便利工具！

尖嘴钳

用羊毛进一步卷绕折弯的部分。

 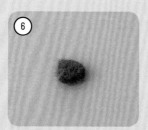 

用戳针戳刺卷绕的羊毛，使毡化。

剪掉多出的部分，以完成鸟喙。

脸的朝向会因鸟喙的安装位置而异。

[制作较大部位的基底] 小鸟的尾翼、企鹅的鳍翅、兔子的耳朵等

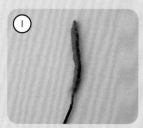   

在包芯线上卷绕较厚的羊毛，再用戳针戳刺紧实。

折弯成需要的形状（图为绣眼鸟的尾翼）。

在中间缝隙处补充羊毛，成形后，将羊毛薄薄地包裹住整体，再戳刺表面至平整状态。

戳制结束。剪掉多余的羊毛和包芯线。

[眼睛的安装方法]

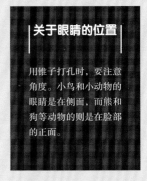

① 用定位珠针在想要安装眼睛的位置做记号，再用锥子在相应位置打孔。

② 拔出定位珠针，用锥子戳出眼睛所需尺寸的孔。

③ 在眼睛配件上涂抹胶水，然后刺入孔中即可。

关于眼睛的位置

用锥子打孔时，要注意角度。小鸟和小动物的眼睛是在侧面，而熊和狗等动物的则是在脸部的正面。

[眼线的制作方法]

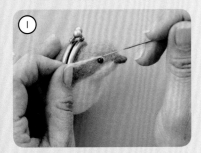

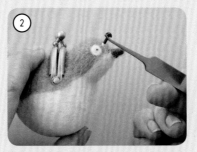

① 用定位珠针确定眼睛的位置后，在眼部周围戳刺一圈白色毛毡。

② 用戳针在定位珠针的位置上打孔，然后安装固定涂有胶水的眼睛配件。

切口的修整方法

如图所示，为取出保利龙球而剪开切口时，有时切口的羊毛可能会露在口金外面。

慢慢地将撕成小碎块的羊毛戳刺上去加以修补。

*如要在切口附近安装身体其他部位，则可省略该步骤。

[肉球的安装方法]

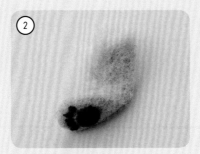

① 用揉成团的羊毛制作熊掌的肉垫，一边确定好位置，一边慢慢戳至毡化。

② 熊的后腿制作完成。

其他动物造型的制作技巧

本章将介绍动物身体部位的制作技巧和诀窍。
供大家制作熊、海龟、花栗鼠时参考。

别忘了
爪子哦

熊的前肢的制作方法

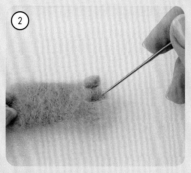

将羊毛折叠，戳制成前肢的尺寸，在脚趾头的位置用记号笔做记号，再用剪刀剪开，做出爪子的效果。

用撕碎的羊毛包裹脚趾头的切口，再戳至毡化，直到平整均匀。

熊的前肢制作完毕。

海龟甲壳上花纹的制作方法

依喜好制作花纹吧

准备甲壳的基底和Color Scoured。

将Color Scoured的纤维进行组合后，一边在羊毛条之间做出2~3mm的间隙，一边戳至毡化。

图为戳刺完成后的状态。用水湿毡后，带有裂纹的甲壳就完成了。

花栗鼠的尾巴的制作方法

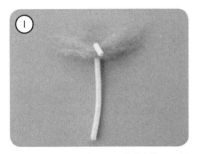

将包芯线的前端折弯，然后挂住制作尾巴的羊毛材料。

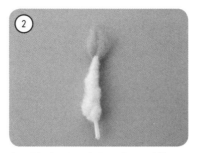

在没有折弯的包芯线周围卷绕用于制作尾巴基底的Needle watawata。

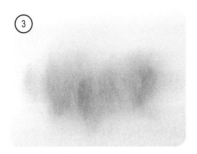

将制作尾巴的羊毛纤维往相同方向刷开。

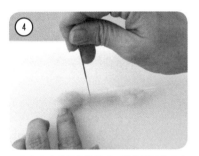

一点点取出步骤③的羊毛，沿着尾巴的垂直方向摆放，并用戳针戳刺羊毛正中间。

在戳刺好的地方，将戳好的羊毛往上折。

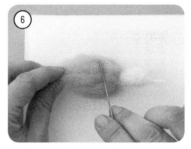

以同样的方式一点点加上制作尾巴的羊毛。

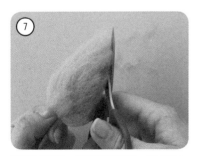

遮盖住基底后，用剪刀修剪形状，完成尾巴。

把尾巴连接到躯体上时，可以将一些背部条纹的羊毛遮住尾巴的根部。

要做出蓬蓬的效果哦

其他技巧

本章将介绍制作口金包基底和添加开口圈的方法。
供大家制作各种作品时参考。

在蛋型基底上卷绕羊毛的方法

[FELKET的卷绕方法]

（蛋型保利龙球）＊基本尺寸约125mm×80mm（参照p.34）

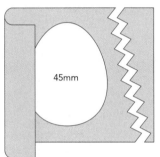

45mm

卷绕一圈，用手撕掉多出的部分。先闭合侧面，再将上下的羊毛往中间靠拢并闭合（与p.34的步骤③~⑤相同）。

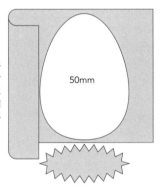

50mm

卷绕一圈后，闭合侧面，将上方的羊毛往中间靠拢并闭合（与p.34的步骤①~⑤相同）。接着，用1/2基本尺寸的羊毛片（约60mm×80mm）闭合底部。剩下的Felket则用来填平不平整的部分。

[羊毛的卷绕方法]

（蛋型保利龙球均通用）

将2等分后的羊毛调整为与保利龙球长周长等长、与保利龙球短周长等宽的长度和宽度，然后按照①~④的顺序戳制。

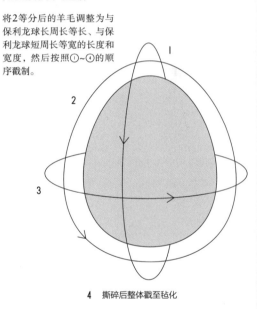

1
2
3

4 撕碎后整体戳至毡化

小鸟的开口圈的安装方法

① 将毛线穿过手缝针，将针插入翅膀下方，再从要添加开口圈的位置抽出毛线。

② 将抽出的毛线穿过开口圈，然后在原来的位置插入毛线，再从翅膀下方抽出，固定开口圈。

③ 在紧邻翅膀下方的位置剪掉毛线，再用针尖将线头藏到翅膀下方。

④ 从翅膀上方开始，用戳针戳刺，固定翅膀背面的毛线。

＊如安装位置上没有可隐藏线头的部位，可将毛线穿入口金包较厚的部位。

作品的制作方法
HOW TO MAKE

本章将介绍28款口金包包的材料和制作方法。

＊制作时，请参考"基本制作方法"（p.34）的流程。
＊关于羊毛的量，对于本书中没有写明克数，只标示"少量"的情况，均视为"不满1g"的量。
　请准备好大致的量备用。
＊p.54的"绵羊（浅褐色、白色、褐色）"、"彩虹绵羊"只写明了材料。
　制作方法请参考"基本制作方法"（p.34）。
＊各个作品均配有各部位的实物尺寸纸型图案。
　供大家制作各部位时参考。
＊"★"表示的是添加开口圈的位置。根据需要添加开口圈，可搭配龙虾扣和链子，制作成可
　佩戴的口金包包。

[实际尺寸图案的符号解说]

 完成　　　VVV 蓬松　　　 Needle watawata　　　 包芯线

⌇ 羊毛片纸型　　　↻ 卷绕　　　↗ 折叠

[材料的用途]

【关于羊毛的种类】
本书使用的羊毛中，"FELT羊毛SOLID系列"、"FELT羊毛MIX系列"、"FELT羊毛NATRUAL BLEND系列"、"FELT羊毛NATRUAL BLEND CRAYON COLOR系列"皆是HAMANAKA品牌的商品名称，制作方法中记载的材料只写明了"色号（外表的颜色）"，仅供参考。另外，以下将"Needle watawata"简称为"watawata"。

【基底】
用于热水毡化，形成口金包的形状的材料。制作成躯体，然后根据作品添加各部位。

【部位】
用于制作脸部、四肢等各部位的材料。截刺固定各在完成的口金基底上，形成动物的形态。

● 材料

基底

保利龙球 …… 直径45mm的蛋型
口金 …… 宽4cm（做旧款）H207-105-4
Felket M号 …… 301（奶油黄）
　基本尺寸1片
躯体 …… 802（浅驼色）6g

部位

刺猬的棘刺 …… FELKETING YARN LOOP3
　（棕色）或2（浅褐色）约5g
脸部 …… 802（浅驼色）少量
眼睛 …… 眼睛（黑色）3mm
鼻子 …… 802（浅驼色）、36（粉色）、
　41（褐色）各少量
嘴巴 …… 41（褐色）少量
耳朵、脚、尾巴 …… 36（粉色）各少量

【关于口金包内侧的颜色】
各个作品均标有FELKET的色号，用热水毡化时，如外侧的羊毛混杂其他颜色但不明显，则内侧羊毛可变更为自己喜欢的颜色。

刺猬1 —— p.6

实际尺寸
60mm×55mm×80mm

口金包基底的切口位置

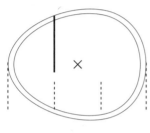

切口=55mm

◉ 材料

基底
- **保利龙球** …… 直径45mm的蛋型
- **口金** …… 宽4cm（做旧款）H207-015-4
- **Felket M号** …… 301（奶油黄）基本尺寸1片
- **躯体** …… 802（浅驼色）6g

部位
- **棘刺** …… FELTING YARN LOOP3（棕色）或2（浅褐色）约5g
- **脸部** …… 802（浅驼色）少量
- **眼睛** …… 眼睛（黑色）3mm
- **鼻子** …… 802（浅驼色）、36（粉色）、41（褐色）各少量
- **嘴巴** …… 41（褐色）少量
- **耳朵、四肢、尾巴** …… 36（粉色）各少量

◉ 制作方法

1 制作口金包的基底（参照p.34）。
2 用记号笔描画棘刺的轮廓。
3 第1圈沿着步骤2标好的记号戳刺毛线，第2圈开始制作棘刺毛圈，并覆盖整个背部（参照p.38）。
4 制作各个部位，然后戳刺固定到躯体上。依次装上鼻子、耳朵、眼睛、四肢、尾巴。
5 用羊毛戳出嘴巴、鼻尖。

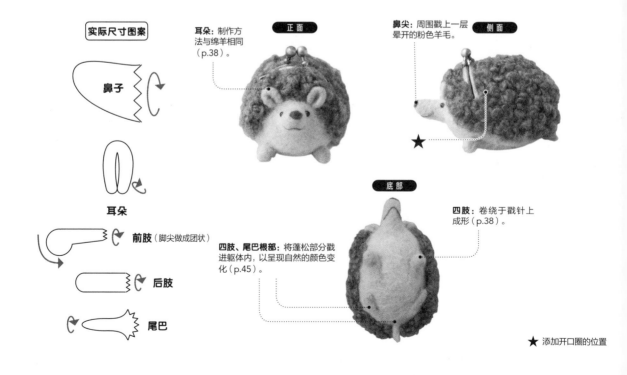

实际尺寸图案

鼻子

耳朵

前肢（脚尖做成团状）

后肢

尾巴

耳朵：制作方法与绵羊相同（p.38）。

正面

鼻尖：周围戳上一层晕开的粉色羊毛。

侧面

底部

四肢：卷绕于戳针上成形（p.38）。

四肢、尾巴根部：将蓬松部分戳进躯体内，以呈现自然的颜色变化（p.45）。

★ 添加开口圈的位置

刺猬2 —— p.7

实际尺寸
70mm × 50mm × 50mm

◉ **材料**

基底
- **保利龙球** …… 直径45mm的球型
- **口金** …… 宽4cm（做旧款）H207-015-4
- **Felket M号** …… 301（奶油黄）基本尺寸1片
- **躯体** …… 802（浅驼色）4g

部位
- **棘刺** …… FELTING YARN LOOP3（棕色）或2（浅褐色）约4g
- **眼睛** …… 眼睛（黑色）2.5mm
- **鼻子** …… 802（浅驼色）、36（粉色）、41（褐色）各少量
- **嘴巴** …… 41（褐色）少量
- **耳朵、四肢、尾巴** …… 36（粉色）各少量

◉ **制作方法**

Ⅰ 制作口金包的基底（参照p.34）。
2 用记号笔描画棘刺的轮廓。
3 第1圈沿着步骤2标好的记号戳刺毛线，第2圈开始制作棘刺毛圈，并覆盖整个背部（参照p.38）。
4 制作各个部位，然后戳刺固定到躯体上。依次装上鼻子、耳朵、眼睛、四肢。
5 用羊毛戳出嘴巴、鼻尖。

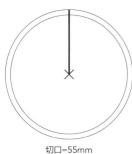

口金包基底的切口位置

切口=55mm

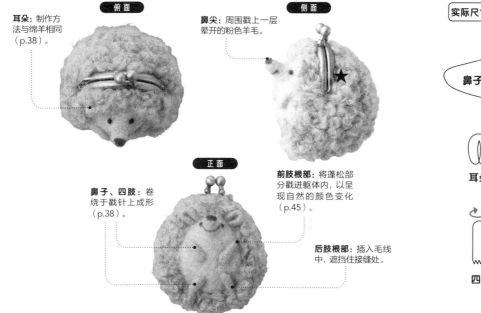

俯面

侧面

正面

耳朵：制作方法与绵羊相同（p.38）。

鼻尖：周围戳上一层晕开的粉色羊毛。

鼻子、四肢：卷绕于戳针上成形（p.38）。

前肢根部：将蓬松部分戳进躯体内，以呈现自然的颜色变化（p.45）。

后肢根部：插入毛线中，遮挡住接缝处。

实际尺寸图案

鼻子

耳朵

四肢

★ 添加开口圈的位置

绵羊 / 彩虹绵羊 —— p.8,9

实际尺寸
65mm × 60mm × 75mm

口金包基底的切口位置

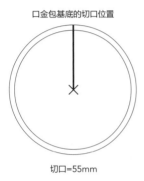

切口=55mm

● 材料

【 绵羊（浅褐色）】

基底
A
保利龙球 …… 直径45mm的球型
口金 …… 宽4cm（做旧款）
H207-015-4
Felket M号 ……
304（粉色）基本尺寸1片
躯体 …… 自己喜欢的颜色4g
＊虽然完成后，躯体的颜色会被外部的毛线遮挡，
但还是采用和毛线同色系的颜色较为稳妥

部位
被毛 …… Sonomono Slab ＜极粗＞
32（浅褐色）约10g
脸部 …… watawata310（原色）
约0.5g、、804（褐色）少量
眼睛、鼻子、嘴巴 ……
801（灰白色）少量
耳 …… 804（褐色）少量

【 绵羊（白色）】

基底
与A相同
被毛 …… Sonomono Slab＜极粗＞
31（原色）约10g
脸部 …… watawata315（黑色）
约0.5g、9（黑色）少量
眼睛、鼻子、嘴巴 ……
801（灰白色）少量
耳 …… 99（黑色）少量

● 制作方法（通用）
请参照绵羊的制作方法（p.34）制作。

【 绵羊（褐色）】

基底
与A相同
被毛 …… Sonomono Slab ＜极粗＞
33（褐色）约10g
脸部 …… watawata310（原色）
约0.5g、802（浅驼色）少量
眼睛、嘴巴 …… 41（褐色）少量
鼻子 …… Felket304（粉色）、
41（褐色）各少量
耳朵 …… 802（浅驼色）少量

【 彩虹绵羊 】

基底
口金 ……
宽4cm（金色）H207-015-1
其他与A相同

部位
被毛 …… 手纺线 约10g
脸部 …… watawata310（原色）
约0.5g、801（灰白色）少量
眼睛、鼻子 …… Felket304（粉色）、
41（褐色）各少量
嘴巴 …… 41（褐色）少量
羊角 …… 包芯线60mm×2条、
807（深米色）少量、
施华洛世奇
#2058水晶极光SS5×4个、
SS10×2个
其他 …… 喇叭口铃铛11mm×1个、
中细羊毛线（粉色）少量

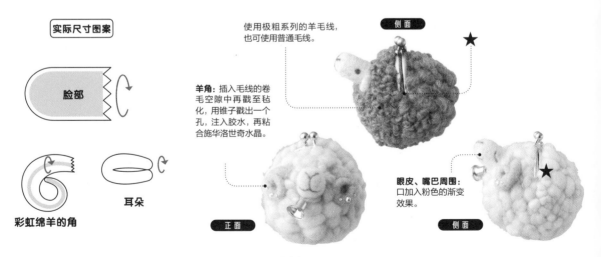

实际尺寸图案

脸部

耳朵

彩虹绵羊的角

使用极粗系列的羊毛线，
也可使用普通毛线。

羊角：插入毛线的卷毛空隙中再毡化，用锥子戳出一个孔，注入胶水，再粘合施华洛世奇水晶。

眼皮、嘴巴周围：口加入粉色的渐变效果。

側面

正面

側面

＊手纺线的购买渠道请参照p.80。

★ 添加开口圈的位置

企鹅宝宝 —— p.10

实际尺寸
60mm×85mm×50mm

口金包基底的切口位置

切口=55mm

◉ 材料

基底
- **保利龙球** ······ 直径45mm的球型
- **口金** ······ 宽4cm（做旧款）H207-015-4
- **Felket M号** ······ 305（蓝色）基本尺寸1片
- **躯体** ······ 805（灰色）4g

部位
- **头** ······ watawata310（原色）约0.5g、1（白色）、9（黑色）各少量
- **眼睛** ······ 眼睛（黑色）3mm
- **鸟喙** ······ 包芯线10mm、9（黑色）少量
- **鳍翅** ······ 包芯线50mm×2条、805（灰色）少量

◉ 制作方法

1 将保利龙球的底部切割成直径为30mm的剖面（参照p.41）。
2 制作口金包的基底（参照p.34）。
3 以包芯线为内芯，制作鸟喙和鳍翅（参照p.46）。
4 用watawata制作头部的基底，以羊毛（白色）包裹住。
5 将步骤4的头部戳刺固定到躯体上，再装上鸟喙。
6 用羊毛片（黑色）变换头部的颜色。
7 装上眼睛扣和鳍翅。

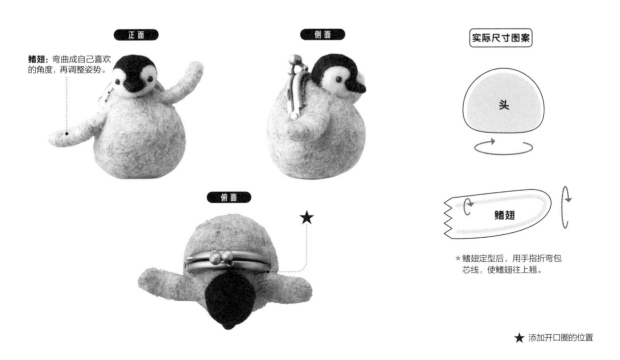

正面

鳍翅：弯曲成自己喜欢的角度，再调整姿势。

侧面

俯面

★

实际尺寸图案

头

鳍翅

*鳍翅定型后，用手指折弯包芯线，使鳍翅往上翘。

★ 添加开口圈的位置

帝企鹅 —— p.11

实际尺寸
80mm×60mm×65mm

口金包基底的切口位置

切口=65mm

◉ **材料**

基底
- **保利龙球** …… 直径50mm的蛋型
- **口金** …… 宽5cm（做旧款）H207-017-4
- **Felket M号** …… 305（蓝色）
  基本尺寸1片和基本的1/2尺寸1片（约60mm×80mm）
- **躯体** …… 55（炭灰色）8g

部位
- **腹部** …… Felket316（白色）基本尺寸1片
- **脸部** …… watawata315（黑色）约0.8g、
  9（黑色）或Felket309（黑色）少量
- **脸部** …… 5（橙色）、35（黄色）各少量
- **眼睛** …… 眼睛（黑色）3.5mm
- **鸟喙** …… 包芯线30mm、9（黑色）、5（橙色）各少量
- **鳍翅** …… 55（炭灰色）少量
- **脖颈** …… 35（黄色）少量

◉ **制作方法**

1 将保利龙球的底部切割成直径为30mm的剖面（参照p.41）。
2 制作口金包的基底（参照p.34）。
3 用手撕开Felket（白色），将2片重叠戳刺在腹部进行上色。
  用脸部的羊毛（黄色）呈现出渐变色效果。
4 制作各个部位。以包芯线为内芯，制作鸟喙和鳍翅（参照p.46）。
5 把头部和鸟喙装到躯体上后，给脖子上色。
6 装上眼睛、鳍翅。

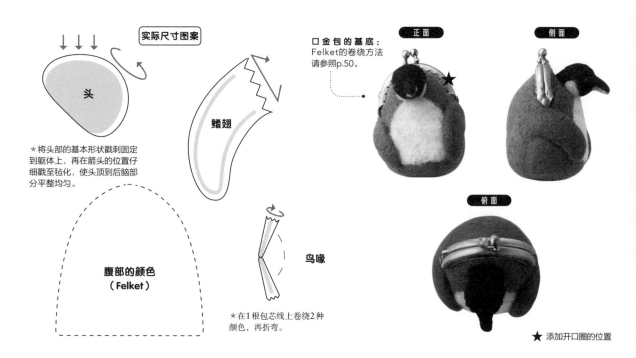

实际尺寸图案

头

＊将头部的基本形状戳刺固定到躯体上，再在箭头的位置仔细戳至毡化，使头顶到后脑部分平整均匀。

腹部的颜色
（Felket）

鳍翅

鸟喙

＊在1根包芯线上卷绕2种颜色，再折弯。

口金包的基底：
Felket的卷绕方法
请参照p.50。

正面

侧面

俯面

★ 添加开口圈的位置

海龟 —— p.12

实际尺寸
40mm × 90mm × 100mm

口金包基底的切口位置

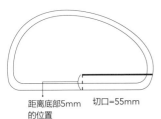

距离底部5mm
的位置
切口=55mm

● 材料

基底

保利龙球 …… 直径45mm的蛋型
口金 …… 宽4cm（做旧款）
　　　　H207-015-4
Felket M号 ……
　301（奶油黄）基本尺寸1片
躯体 …… 807（深米色）4g、
　　　824（蓝绿）1g、
　　　Color Scoured615（绿色）适量

部位

腹部 …… 802（浅驼色）少量
头 …… 807（深米色）少量
眼睛 …… 眼睛（黑色）4mm
鼻子、嘴巴 …… 41（褐色）少量
四肢 …… 包芯线80mm×2条、
　　　　807（深米色）少量
鸡蛋花：
　Felket316（白色）基本尺寸1片、
　35（黄色）、5（橙色）各少量
　开口圈×1个、羊毛线少量

其他

● 制作方法

1　将保利龙球纵向对半裁切。
2　用浅褐色包裹整体后，上半部分戳刺蓝绿色羊毛，然后用Color Scoured戳制甲壳的花纹（参照p.48）。
3　制作口金包的基底（参照p.34）。
4　制作各个部位。以包芯线为内芯制作前肢（参照p.46）。
5　在头部装上眼睛扣，眼周填充浅褐色的羊毛，做出眼皮。用羊毛刺上鼻子和嘴巴。
6　将部位戳刺固定到躯体上。
7　用毛线固定开口圈（参照p.38）。
8　制作浅驼色的羊毛片，然后包裹整个腹部。
9　做出5片花瓣，每片花瓣由2片Felket（白色）重叠，将花瓣根部交错地重叠在一起，戳刺固定在甲壳上。

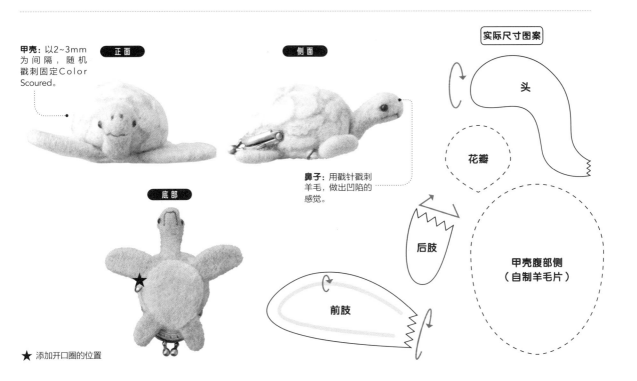

甲壳： 以2~3mm为间隔，随机戳刺固定Color Scoured。

正面

侧面

底部

鼻子： 用戳针戳刺羊毛，做出凹陷的感觉。

★ 添加开口圈的位置

实际尺寸图案

头

花瓣

后肢

前肢

甲壳腹部侧
（自制羊毛片）

北极熊 —— p.13

实际尺寸
75mm × 60mm × 65mm

口金包基底的切口位置

切口=55mm

◉ **材料**

基底
- **保利龙球** …… 直径45mm的蛋型
- **口金** …… 宽4cm（做旧款）H207-015-4
- **Felket M号** …… 301（奶油黄）基本尺寸1片
- **躯体** …… 801（灰白色）6g

部位
- **头** …… watawata310（原色）约1g、
  801（灰白色）少量
- **眼睛** …… 眼睛（黑色）2.5mm
- **鼻子** …… 801（灰白色）、54（灰色）、
  9（黑色）各少量
- **耳朵、尾巴** …… 801（灰白色）少量
- **四肢** …… 801（灰白色）、55（炭灰色）各少量

◉ **制作方法**

1 制作口金包的基底（参照p.34）。
2 制作各个部位，然后戳刺固定到躯体上。用剪刀在前脚剪出脚趾轮廓，薄薄铺上一层撕碎的羊毛，戳制成脚趾的形状（参照p.48）。
3 装上眼睛、用羊毛刺上鼻子。

正面

耳朵：制作方法与绵羊（p.38）相同，在耳朵的背面填充羊毛，补平凹陷的部分。

鼻子周围：用灰色晕开。

侧面

头、颈部：颈部稍粗，呈现小脸和溜肩的效果。

背面

底部

四肢：制作方法参照p.43。

*实际尺寸图案请参照p.79

★ 添加开口圈的位置

海豹 —— p.13

实际尺寸
40mm × 85mm × 105mm

口金包基底的切口位置

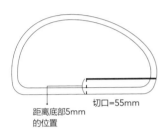

距离底部5mm
的位置

切口=55mm

◉ 材料

基底		
	保利龙球 …… 直径45mm的蛋型	
	口金 …… 宽4cm（做旧款）H207-015-4	
	Felket M号 …… 301（奶油黄）基本尺寸1片	
	躯体 …… 801（灰白色）5g	

部位		
	头 …… watawata310（原色）约0.8g、801（灰白色）少量	
	眉毛、嘴角 …… 55（炭灰色）少量	
	眼睛 …… 眼睛（黑色）3mm	
	鼻子 …… 9（黑色）、55（炭灰色）少量	
	四肢 …… 包芯线55mm×2条、801（灰白色）少量	
	尾巴 …… 包芯线80mm、801（灰白色）少量	
	其他 …… 开口圈×1个、羊毛线少量	

◉ 制作方法

1 将保利龙球纵向对半裁切。

2 制作口金包的基底（参照p.43）。

3 用watawata制作头部的基底，再戳刺固定到躯体上。
   然后用自制的羊毛片包裹，使之与躯体平整均匀地连接在一起。

4 将前肢和以包芯线为内芯制作的后肢戳刺固定到躯体上。

5 装上眼睛扣，再刺上极少量的羊毛（灰白色）做出眼皮。

6 用羊毛刺上鼻子、嘴角、眉毛。

7 在前肢下侧不起眼的位置穿过毛线，安装开口圈（参照p.38）。

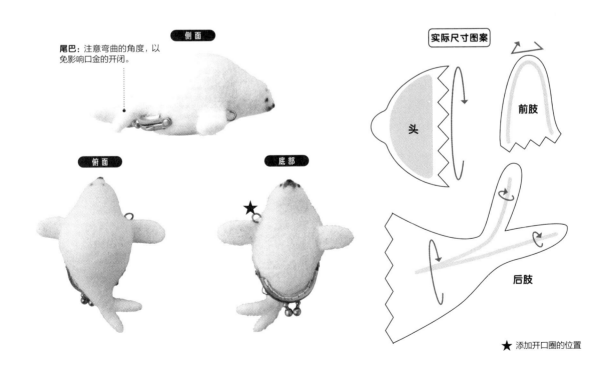

尾巴：注意弯曲的角度，以
免影响口金的开闭。

側面

俯面

底部

实际尺寸图案

头

前肢

后肢

★ 添加开口圈的位置

猫头鹰 —— p.14

实际尺寸
80mm × 60mm × 50mm

口金包基底的切口位置

× 切口=55mm

◉ 材料

基底
- **保利龙球** …… 直径45mm的蛋型
- **口金** …… 宽4cm（做旧款）H207-015-4
- **Felket M号** …… 316（白色）基本尺寸1片
- **躯体** …… 805（灰色）6g

部位
- **腹部** …… 801（灰白色）约1g、806（深灰色）少量
- **头** …… watawata310（原色）约1.5g、805（灰色）少量
- **脸部** …… 801（灰白色）少量
- **眼睛** …… 水晶眼（水晶金黄）6mm、806（深灰色）少量
- **鸟喙** …… （黄色）少量
- **耳羽簇** …… 805（灰色）、806（深灰色）各少量
- **翅膀** …… 806（深灰色）少量

◉ 制作方法

1 制作口金包的基底（参照p.34）。
2 裁剪自制的羊毛片，给腹部刺上颜色。
3 制作头部，然后戳刺固定到躯体上。用自制的羊毛片给脸部刺上颜色，使脸部与腹部的颜色融合。
4 装上水晶眼，眼周用羊毛轻轻地堆出肉感，添加眼线，装上鸟喙。
5 将耳羽簇装到头部，在侧脸部分用深灰色垂直戳上花纹。
6 制作翅膀，戳刺固定到躯体上。
7 用羊毛在腹部戳出花纹。

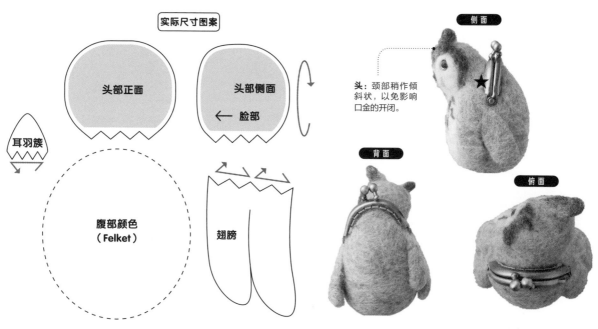

实际尺寸图案

头部正面

头部侧面
← 脸部

耳羽簇

腹部颜色
（Felket）

翅膀

侧面

头：颈部稍作倾斜状，以免影响口金的开闭。

背面

俯面

★ 添加开口圈的位置

棕熊&黑熊 —— p.15

实际尺寸
75mm×60mm×65mm

口金包基底的切口位置

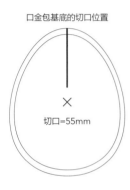

切口=55mm

◉ 材料

【 棕熊 】		【 黑熊 】	
基底	保利龙球 ⋯⋯ 直径45mm的蛋型	基底	保利龙球 ⋯⋯ 直径45mm的蛋型
	口金 ⋯⋯ 宽4cm（做旧款）H207-015-4		口金 ⋯⋯ 宽4cm（做旧款）H207-015-4
	Felket M号 ⋯⋯ 301（奶油黄）基本尺寸1片		Felket M号 ⋯⋯ 309（黑色）基本尺寸1片
部位	躯体 ⋯⋯ 803（浅褐色）6g	部位	躯体 ⋯⋯ 9（黑色）6g
	头 ⋯⋯ watawata310（原色）约1g、803（浅褐色）少量		头 ⋯⋯ watawata315（黑色）约1g、9（黑色）少量
	眼睛 ⋯⋯ 眼睛（黑色）3mm		眼睛 ⋯⋯ 眼睛（黑色）3mm
	鼻子 ⋯⋯ 803（浅褐色）、31（深褐色）各少量		鼻子 ⋯⋯ 816（灰紫色）、9（黑色）各少量
	耳朵、尾巴 ⋯⋯ 803（浅褐色）少量		耳朵、尾巴 ⋯⋯ 9（黑色）少量
	四肢 ⋯⋯ 803（浅褐色）、31（深褐色）各少量		足 ⋯⋯ 9（黑色）、816（灰紫色）各少量
			颈部花纹 ⋯⋯ Felket316（白色）或1（白色）各少量

◉ 制作方法

１ 制作口金包的基底（参照p.34）。

２ 制作各个部位，然后戳刺固定到躯体上。用剪刀在前脚剪出脚趾轮廓，
薄薄铺上一层撕碎的羊毛，戳制成脚趾的形状（参照p.48）。

３ 装上眼睛、用羊毛刺上鼻子。

＊制作黑熊的颈部花纹：将2片Felket重叠后，戳刺固定，再用剪刀裁剪出上弦月的形状（纸型见p.79），然后固定到
颈部周围。

脚：制作方法
请参照p.43。

头：头型比其他
熊更加圆滑。

鼻子：稍微
做挺一点。

脚：制作方法
请参照p.43。

正面　　侧面　　正面

背面　　俯面　　底部

★ 添加开口圈的位置

柴犬 —— p.16

实际尺寸
85mm × 55mm × 95mm

口金包基底的切口位置

切口=55mm

偏离中心点20mm

◉ 材料

基底
- **保利龙球** …… 直径45mm的蛋型
- **口金** …… 宽4cm（做旧款）H207-015-4
- **Felket M号** …… 301（奶油黄）基本尺寸1片
- **躯体** …… 801（灰白色）5g、808（黄褐色）1g

部位
- **头** …… watawata310（原色）约1.5g、801（灰白色）、808（黄褐色）各少量
- **耳朵** …… 808（黄褐色）、801（灰白色）各少量
- **眼睛** …… 眼睛（黑色）3.5mm、31（深褐色）少量
- **鼻子、嘴巴** …… 9（黑色）少量
- **四肢** …… 包芯线40mm×2条、801（灰白色）、808（黄褐色）各少量
- **尾巴** …… 包芯线60mm、808（黄褐色）少量
- **项圈** …… Felket质地（红色）长50mm×宽8mm、开口圈×2个、链子适量

◉ 制作方法

1 用灰白色羊毛卷绕整个保利龙球并戳刺固定，再以黄褐色羊毛包裹纵半球，戳刺上色
（用细的羊毛束纵向戳刺1圈，内侧则以撕碎的羊毛填补）。
2 制作口金包的基底（参照p.34）。
3 制作各个部位，然后戳刺固定到躯体上。以包芯线为内芯制作前肢和尾巴。
4 填补黄褐色，使各部位的颜色与背部的颜色相融合。
5 装上眼睛、添加眼线。用羊毛刺上鼻子、嘴巴。
6 组合长条状的羊毛片和2个开口圈，做出项圈。

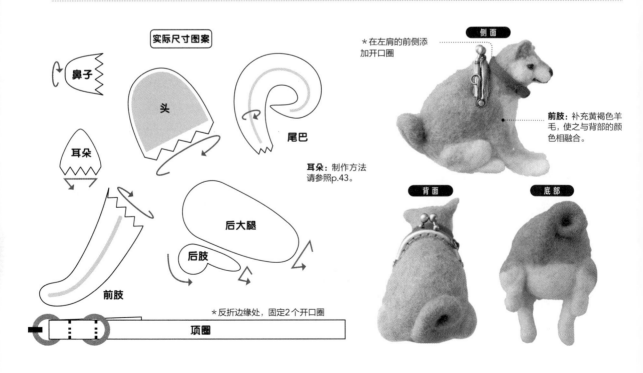

实际尺寸图案

鼻子

头

尾巴

耳朵

耳朵：制作方法
请参照p.43。

后大腿

后肢

前肢

*反折边缘处，固定2个开口圈

项圈

*在左肩的前侧添
加开口圈

侧面

前肢：补充黄褐色羊
毛，使之与背部的颜
色相融合。

背面

底部

三色猫 —— p.17

实际尺寸
70mm × 50mm × 60mm

◉ **材料**

基底	**保利龙球** …… 直径45mm的蛋型	部位	**鼻子** …… 36（粉色）少量
	口金 …… 宽4cm（做旧款）		**嘴巴** …… 36（粉色）少量
	H207-015-4		**耳朵** …… 808（黄褐色）、1（白色）各少量
	Felket M号 …… 301（奶油黄）		**四肢** …… 1（白色）少量
	基本尺寸1片		**尾巴** …… 包芯线5cm、808（黄褐色）、
部位	**躯体** …… 1（白色）6g		9（黑色）各少量
	头 …… watawata310（原色）约1g、		**背部** …… 808（黄褐色）、9（黑色）各少量
	1（白色）少量		**项圈** …… 圆铃铛8mm×1个、
	眼睛 …… 水晶眼（亮棕）4.5mm、		中细羊毛线（红色）少量
	9（黑色）少量		

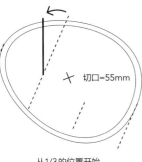

口金包基底的切口位置

切口=55mm

从1/3的位置开始
偏离中心点10mm

◉ **制作方法**

1 制作口金包的基底（参照p.34）。
2 用watawata制作头部的基底，然后戳刺固定到躯体上。
3 装上水晶眼后，给脸皮、鼻子、嘴角处戳上羊毛增加一些肉肉的立体感。
4 在嘴巴的位置覆盖自制的羊毛片（白色），调整嘴角的形状（用剪刀在眼睛部分剪开裂缝）。
5 制作耳朵，然后戳刺固定到头上（参照p.43）。
6 戳制脸部表情、鼻子、眼线。
7 制作四肢，以包芯线为内芯的尾巴，然后戳刺固定到躯体上。
8 用自制的羊毛片戳制躯体的花纹。
9 将毛线穿过圆铃铛，将线头戳刺固定在颈部后方，做成项圈。

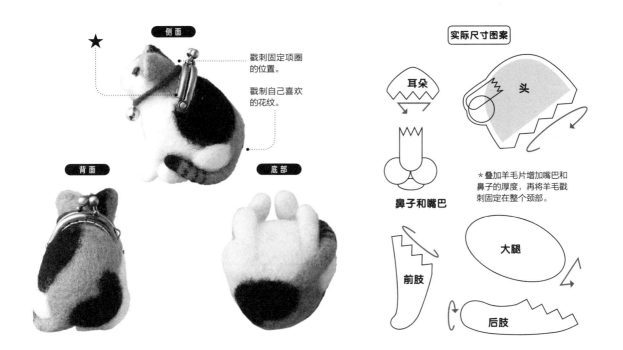

侧面

★

戳刺固定项圈
的位置。

戳制自己喜欢
的花纹。

背面

底部

实际尺寸图案

耳朵

鼻子和嘴巴

头

＊叠加羊毛片增加嘴巴和
鼻子的厚度，再将羊毛戳
刺固定在整个颈部。

前肢

大腿

后肢

鼯鼠&蜜袋鼯 —— p.18

实际尺寸
12mm×85mm×50mm

实际尺寸
120mm×80mm×50mm

● 材料（鼯鼠）

基底
保利龙球 …… 直径45mm的蛋型
口金 …… 宽4cm（做旧款）H207-015-4
Felket M号 …… 301（奶油黄）基本尺寸1片
躯体 …… 803（浅褐色）5g

部位
头 …… watawata310（原色）约0.5g、803（浅褐色）少量
眼睛 …… 眼睛（黑色）4.5mm、41（褐色）少量
鼻子 …… Felket304（粉色）少量
嘴巴 …… 41（褐色）少量
耳朵 …… 803（浅褐色）、Felket304（粉色）各少量
四肢 …… 包芯线80mm×2条、1（白色）、Felket304（粉色）各少量
尾巴 …… 包芯线100mm、803（浅褐色）约1.5g
翼膜 …… 803（浅褐色）约2g、Felket316（白色）1片、开口圈×4个、羊毛线少量、链子、龙虾扣×2个

● 材料（蜜袋鼯）

基底
保利龙球 …… 直径45mm的蛋型
口金 …… 宽4cm（做旧款）H207-015-4
Felket M号 …… 316（白色）基本尺寸1片

部位
躯体 …… 805（灰色）5g
头 …… watawata310（原色）0.5g、805（灰色）少量
脸部 …… 806（深灰色）少量
眼睛 …… 眼睛（黑色）4.5mm
鼻子 …… Felket304（粉色）少量
耳朵 …… 806（深灰色）、Felket304（粉色）各少量
四肢 …… 包芯线80mm×2条、1（白色）、Felket304（粉色）各少量
尾巴 …… 包芯线60mm、805（灰色）约1.5g、806（深灰色）少量
翼膜 …… 805（灰色）2g、Felket316（白色）基本尺寸1片
背部花纹 …… 806（深灰色）、开口圈×3个、羊毛线少量、链子、龙虾扣

口金包基底的切口位置（通用）

切口=55mm

距底部5mm
的位置

● 制作方法（鼯鼠和蜜袋鼯皆适用）

1 将保利龙球从纵向对半裁切。
2 制作口金包的基底（参照p.34）。
3 将羊毛卷绕在包芯线上，戳制四肢和尾巴，然后固定在基底上。
4 制作头部，然后固定到基底上。

● 翼膜的制作方法（鼯鼠和蜜袋鼯皆适用）

5 使用每片1g的羊毛（浅褐色/铁灰色），制作2片羊毛片（参照p.41）。用剪刀修剪较长的边，使边缘笔直（参照p.45）。
6 将步骤5的羊毛放在步骤3的四肢之间，用记号笔做记号，剪掉多余的部分。
7 将Felket裁剪成与步骤6羊毛同样尺寸。
8 用毡刺针（5针组）将裁剪好的羊毛片和Felket毡合在一起（参照图）。戳针不要往下戳太深，只要轻轻戳刺使紧实即可。
9 将步骤8的羊毛铺在前后肢之间，戳至毡化。
10 撕碎Felket（白色）铺在脸的下半部，戳刺到与躯体的颜色相融合。
11 装上耳朵和眼睛扣，用羊毛刺上脸部花纹、鼻子和嘴巴。
12 用毛线固定开口圈。

鼯鼠&蜜袋鼯 —— p.18

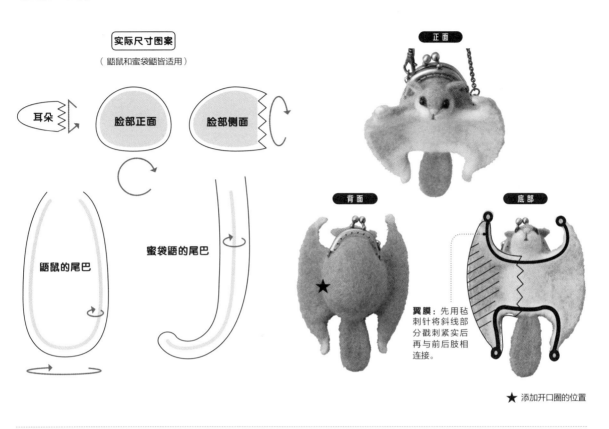

实际尺寸图案

（鼯鼠和蜜袋鼯皆适用）

耳朵

脸部正面

脸部侧面

鼯鼠的尾巴

蜜袋鼯的尾巴

正面

背面

底部

翼膜：先用毡刺针将斜线部分戳刺紧实后再与前后肢相连接。

★ 添加开口圈的位置

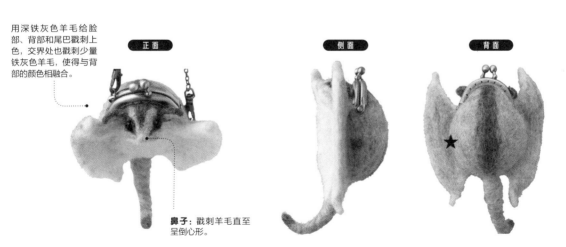

用深铁灰色羊毛给脸部、背部和尾巴戳刺上色，交界处也戳刺少量铁灰色羊毛，使得与背部的颜色相融合。

正面

侧面

背面

鼻子：戳刺羊毛直至呈倒心形。

★ 添加开口圈的位置

树懒 —— p.19

实际尺寸
80mm × 80mm × 50mm

口金包基底的切口位置

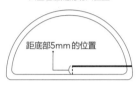

距底部5mm的位置

切口=55mm

● **材料**

基底
- **保利龙球** …… 直径45mm的球型
- **口金** …… 宽4cm（做旧款）
  H207-015-4
- **Felket M号**
  301（奶油黄）基本尺寸1片
- **躯体** …… 211（米灰色）4g

部位
- **头** …… watawata310（原色）1g、211（米灰色）少量
- **脸部** …… 801（灰白色）少量
- **眼睛** …… 眼睛（黑色）3mm、31（深褐色）少量
- **鼻子** …… 9（黑色）少量
- **嘴巴** …… 31（深褐色）、804（褐色）各少量
- **四肢** …… 包芯线15cm×2条、211（米灰色）、801（灰白色）各少量
- **圆木头** …… 807（深米色）少量、褐色的羊毛线少量、9字针×2个、开口圈4个、龙虾扣2个、链子适量

● **制作方法**

1 将保利龙球对半裁切。
2 制作口金包的基底（参照p.34）。
3 制作头部，然后装到口金的相反侧。
4 在包芯线上卷绕固定15mm的灰白色羊毛后，接着卷绕120mm的米灰色羊毛。然后再次卷绕固定15mm的灰白色羊毛。制作出中间的爪子和单侧的前后肢，并以同样方式完成另一侧的前后肢。
5 在包芯线上细细地卷绕固定一层灰白色羊毛，制作剩余的爪子（共8个）。
6 把四肢和爪子扎成束，再把米灰色羊毛卷绕成10mm宽的厚度。
7 将深米色羊毛卷成圆筒状，再戳刺一层褐色羊毛上色，做成圆木状。左右两端各插入9字针，装上穿链子的开口圈。
8 将爪子以悬挂的形式戳刺固定在圆木头上。用水稀释胶水后沾在爪子上加强固定。
9 在四肢的根部添加撕碎的羊毛，并不断戳刺使四肢和躯体合为一体。

实际尺寸图案

脸部

头

脸侧面

爪子
*3个爪子一束，折弯以悬挂在圆木头上。

爪子：如不易戳刺，可补充极少量的撕碎羊毛。

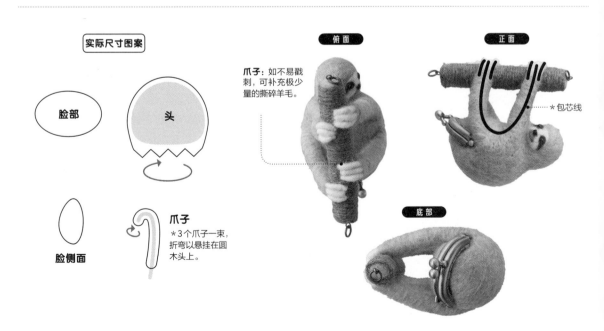

俯面

正面

*包芯线

底部

麻雀 —— p.20

实际尺寸
60mm × 50mm × 85mm

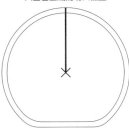

口金包基底的切口位置

切口=55mm

◉ **材料**

<table>
<tr><td rowspan="4">基
底</td><td>**保利龙球** ······ 直径45mm的球型</td></tr>
<tr><td>**口金** ······ 宽4cm（做旧款）H207-015-4</td></tr>
<tr><td>**Felket M号** ······ 301（奶油黄）基本尺寸1片</td></tr>
<tr><td>**躯体** ······ 802（浅驼色）3g、808（黄褐色）1g</td></tr>
<tr><td rowspan="8">部
位</td><td>**头** ······ watawata310（原色）0.5g、1（白色）少量</td></tr>
<tr><td>**脸部** ······ 809（红褐色）、36（粉色）各少量</td></tr>
<tr><td>**眼睛** ······ 眼睛（黑色）3mm、9（黑色）少量</td></tr>
<tr><td>**鸟喙** ······ 包芯线10mm、806（深灰色）少量</td></tr>
<tr><td>**翅膀** ······ 808（黄褐色）、809（红褐色）各少量</td></tr>
<tr><td>**花纹** ······ 806（深灰色）、808（黄褐色）、802（浅驼色）各少量</td></tr>
<tr><td>**尾翼** ······ 808（黄褐色）1g、806（深灰色）+808（黄褐色）混合、9（黑色）各少量</td></tr>
</table>

◉ **制作方法**

1. 将保利龙球的底部裁切成直径为30mm的剖面（参照p.41）。
2. 用Felket和羊毛（浅驼色）包裹保利龙球后，戳上黄褐色的羊毛片（直径60mm的圆形）作为背部（参照p.44）。
3. 制作口金包的基底（参照p.34）。
4. 参考p.45-46制作各个部位，然后固定到口金包基底上。按照头部、鸟喙、头顶的上色、眼睛、眼线、脸颊、尾翼和翅膀的顺序进行固定。
5. 将羊毛揉搓成小球，做成翅膀的花纹，从上方用红褐色晕开并戳至毡化。

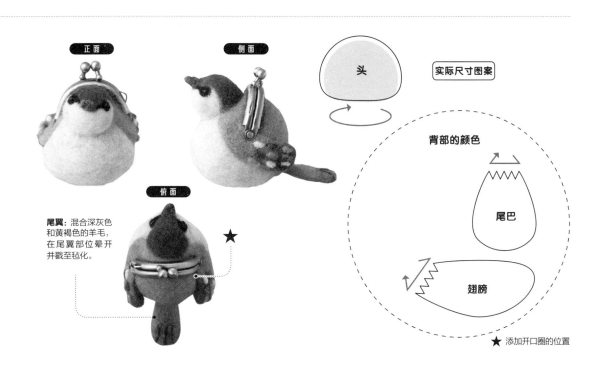

正面　侧面　俯面

头

实际尺寸图案

尾翼: 混合深灰色和黄褐色的羊毛，在尾翼部位晕开并戳至毡化。

背部的颜色

尾巴

翅膀

★ 添加开口圈的位置

文鸟 —— p.21

实际尺寸
60mm×50mm×90mm

口金包基底的切口位置

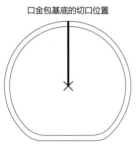

切口=55mm

◉ 材料

【 灰文鸟 】

基底
- **保利龙球** …… 直径45mm的球型
- **口金** …… 宽4cm（做旧款）
  H207-015-4
- **Felket M号** ……
  316（白色）基本尺寸1片
- **躯体** …… 54（灰色）4g

部位
- **头** …… watawata315（黑色）约
  0.8g、9（黑色）少量
- **脸部** …… 1（白色）少量
- **眼睛** …… 眼睛（黑色）4mm、24（红
  色）少量
- **鸟喙** …… 36（粉色）、24（红色）各
  少量
- **翅膀** …… 54（灰色）少量
- **尾翼** …… 9（黑色）约1g

【 白文鸟 】

基底
- **保利龙球** …… 直径45mm的球型
- **口金** …… 宽4cm（黄金）H207-015-1
- **Felket M号** …… 301（奶油黄）基本尺
  寸1片
- **躯体** …… 1（白色）4g
- **头** …… watawata310（原色）约
  0.8g、1（白色）少量

部位
- **眼睛** …… 眼睛（黑色）4mm、24（红
  色）少量
- **鸟喙** …… 36（粉色）、24（红色）各
  少量
- **翅膀** …… 1（白色）少量
- **尾翼** …… 1（白色）约1g

◉ 制作方法

1 将保利龙球的底部裁切成直径为30mm的剖面（参照p.41）。

2 制作口金包的基底（参照p.34）。

3 制作各个部位，然后戳刺固定到躯体上。以包芯线为内芯制作尾翼。依次装上头部、鸟
喙、眼睛、尾翼、翅膀（参照p.42~p.47）。

4 用红色羊毛在鸟喙部分戳制渐变色的效果。

5 用红色羊毛在眼睛扣的周边刺上眼线。

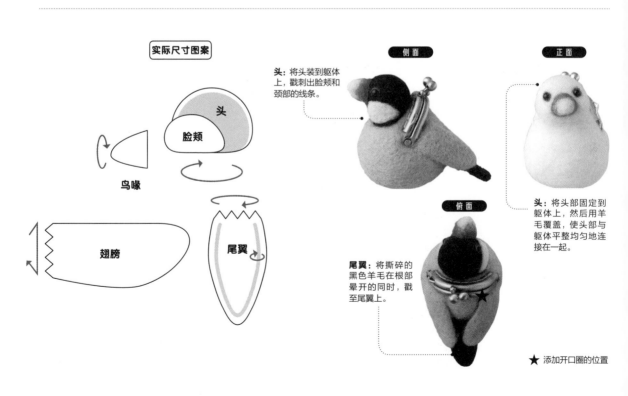

实际尺寸图案

头
脸颊
鸟喙
翅膀
尾翼

侧面

正面

俯面

头：将头装到躯体
上，戳刺出脸颊和
颈部的线条。

头：将头部固定到
躯体上，然后用羊
毛覆盖，使头部与
躯体平整均匀地连
接在一起。

尾翼：将撕碎的
黑色羊毛在根部
晕开的同时，戳
至尾翼上。

★ 添加开口圈的位置

绣眼鸟 —— p.22

实际尺寸
65mm × 50mm × 85mm

口金包基底的切口位置

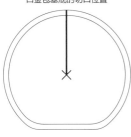

切口=55mm

◉ 材料

基底
- **保利龙球** …… 直径45mm的球型
- **口金** …… 宽4cm（做旧款）H207-015-4
- **Felket M号** …… 306（草绿色）基本尺寸1片
- **躯体** …… 1（白色）3g、3（抹茶色）1g

部位
- **头** …… watawata310（原色）约0.8g、1（白色）少量
- **脸部** …… 3（抹茶色）、35（黄色）各少量
- **眼睛** …… 眼睛（黑色）4mm、1（白色）、55（炭灰色）各少量
- **鸟喙** …… 包芯线10mm、55（炭灰色）少量
- **翅膀** …… 3（抹茶色）、55（炭灰色）各少量
- **尾翼** …… 包芯线100mm、55（炭灰色）约1g、3（抹茶色）+55（炭灰色）的混色少量

◉ 制作方法

1 将保利龙球的底部裁切成直径为30mm的剖面（参照p.41）。
2 参照p.44的制作方法，先用白色羊毛包裹保利龙球，再戳刺固定抹茶色的羊毛片（直径60mm的圆形），做出背部。
3 制作口金包的基底（参照p.34）。
4 制作各个部位，然后戳刺固定到躯体上。以包芯线为内芯制作鸟喙和尾翼。依次装上头部、鸟喙、眼睛扣、尾翼、翅膀（参照p.42~47）。
5 在眼睛周围刺上一圈白色眼线。

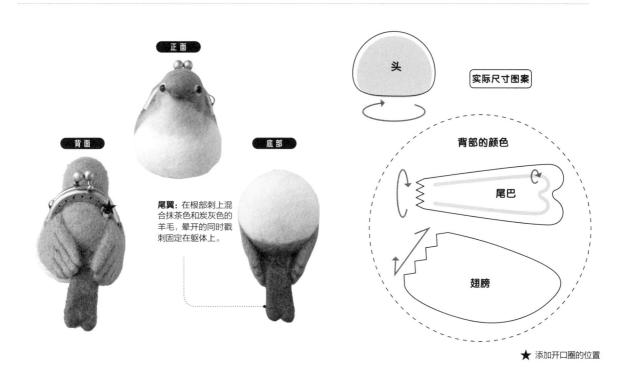

正面

背面

底部

尾翼：在根部刺上混合抹茶色和炭灰色的羊毛，晕开的同时戳刺固定在躯体上。

头

实际尺寸图案

背部的颜色

尾巴

翅膀

★ 添加开口圈的位置

银喉长尾山雀 —— p.22

实际尺寸
65 mm × 45 mm × 85 mm

口金包基底的切口位置

切口=55mm

◉ 材料

基底	保利龙球 …… 直径45mm的球型
	口金 …… 宽4cm（做旧款）H207-015-4
	Felket M号 …… 301（奶油黄）基本尺寸1片
	躯体 …… 1（白色）4g

部位	头 …… watawata310（原色）约0.5g、1（白色）少量
	眼睛 …… 眼睛（黑色）3mm、9（黑色）少量
	鸟喙 …… 包芯线10mm、806（深灰色）少量
	翅膀 …… 806（深灰色）、1（白色）、206（红褐色）各少量
	尾翼 …… 包芯线100mm、9（黑色）约1g、1（白色）少量
	背部 …… 9（黑色）少量

◉ 制作方法

1 将保利龙球的底部裁切成直径为30mm的剖面（参照p.41）。
2 制作口金包的基底（参照p.34）。
3 将watawata制成的头部固定在躯体上，再用羊毛覆盖，与躯体平整均匀地连接在一起。
4 制作各个部位，然后戳刺固定到躯体上。以包芯线为内芯制作鸟喙和尾翼。依次装上鸟喙、眼睛、尾翼（参照p.42~47）。
5 用定位珠针暂时固定翅膀，先给翅膀的间隙（背部）上色后，再固定翅膀。
6 在眼睛的周围刺上细细的黑色眼线。

实际尺寸图案

头

＊用watawata增加头部的厚度后，再包裹羊毛。

翅膀

尾巴

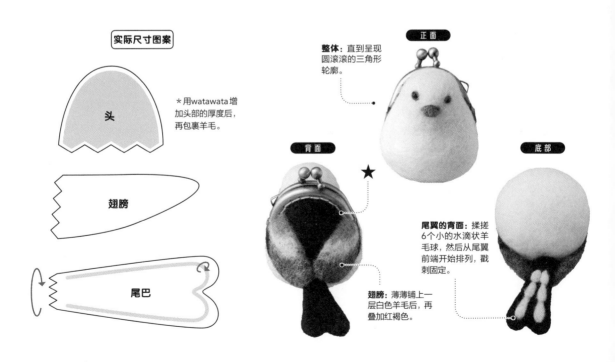

整体：直到呈现圆滚滚的三角形轮廓。

正面

背面

★

翅膀：薄薄铺上一层白色羊毛后，再叠加红褐色。

底部

尾翼的背面：揉搓6个小的水滴状羊毛球，然后从尾翼前端开始排列，戳刺固定。

70

公鸡 —— p.23

实际尺寸
80mm × 55mm × 80mm

口金包基底的切口位置

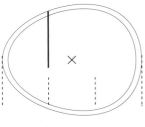

切口＝55mm

◉ **材料**

【 公鸡（白色）】

基底
保利龙球 …… 直径45mm的蛋型
口金 …… 宽4cm（做旧款）
H207-015-4
Felket M号 ……
301（奶油黄）基本尺寸1片

部位
躯体 …… 1（白色）6g
头 …… watawata310（原色）约1g、
1（白色）少量
眼睛 …… 眼睛（黑色）3mm
鸟喙 …… 821（淡黄色）少量
翅膀 …… 22（淡粉色）少量
尾翼 …… 手纺线（市场有售）、
1（白色）各适量
鸡冠 …… 24（红色）少量

【 公鸡（褐色）】

基底
保利龙球 …… 直径45mm的蛋型
口金 …… 宽4cm（做旧款）
H207-015-4
Felket M号 ……
301（奶油黄）基本尺寸1片

部位
躯体 …… 206（红褐色）6g
头 …… watawata310（原色）约1g、
206（红褐色）
眼睛 …… 眼睛（红色）3mm
鸟喙 …… 35（黄色）少量
尾巴 …… 821（淡黄色）少量
尾翼 …… 手纺线、
206（红褐色）各适量
鸡冠 …… 834（朱红色）少量

◉ **制作方法**

1 制作口金包的基底（参照p.34）。

2 制作各个部位，然后戳刺固定到躯体上。依次装上头部、鸟喙、眼睛、鸡冠、尾巴。

3 将手纺线卷绕数圈至50mm的宽度（3根手指宽），将其中一端用手缝线缝紧成一束，再戳刺固定在躯体上，用羊毛覆盖接缝。

正面

侧面

尾翼： 用覆盖在根部的羊毛调整形状，使毛线蓬松翘起。

底部

翅膀： 切口的制作方法参照p.48中熊的四肢的制作方法。

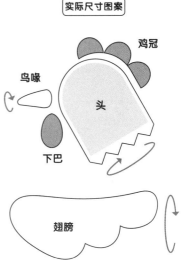

实际尺寸图案

鸟喙

鸡冠

头

下巴

翅膀

＊手纺线的购买渠道请参照p.80。

小黄鸭 ── p.24

实际尺寸
65mm × 55mm × 70mm

口金包基底的切口位置

切口=55mm

◉ 材料

基底
| 保利龙球 …… 直径45mm的球型
| 口金 …… 宽4cm（黄金）H207-015-1
| Felket M号 …… 301（奶油黄）基本尺寸1片
| 躯体 …… 35（黄色）4g

部位
| 头 …… watawata310（原色）约1.2g、35（黄色）少量
| 眼睛 …… 眼睛（黑色）5mm
| 鸭嘴 …… 包芯线30mm、834（朱红色）少量
| 四肢 …… 35（黄色）少量
| 尾翼 …… watawata310（原色）约1g、35（黄色）少量

◉ 制作方法

1 将保利龙球的底部裁切成直径为30mm的剖面（参照p.41）。

2 制作口金包的基底（参照p.34）。

3 制作各个部位，然后戳刺固定到躯体上。以watawata为基底制作尾翼。依次装上头部、鸭嘴、眼睛、尾翼、翅膀（p.42~p.47）。

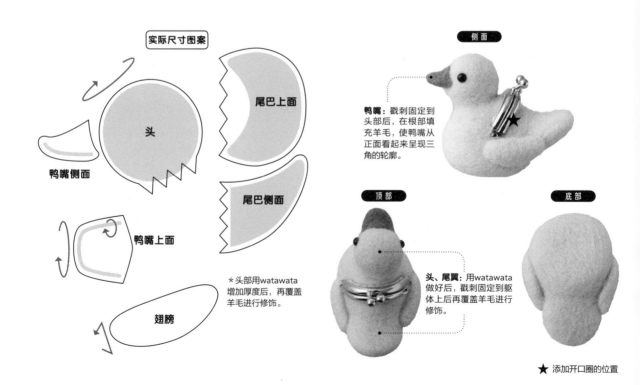

实际尺寸图案

尾巴上面

头

尾巴侧面

鸭嘴侧面

鸭嘴上面

*头部用watawata增加厚度后，再覆盖羊毛进行修饰。

翅膀

侧面

鸭嘴：戳刺固定到头部后，在根部填充羊毛，使鸭嘴从正面看起来呈现三角的轮廓。

顶部

头、尾翼：用watawata做好后，戳刺固定到躯体上后再覆盖羊毛进行修饰。

底部

★ 添加开口圈的位置

72

马口铁金鱼 —— p.25

实际尺寸
10mm×75mm×35mm

口金包基底的切口位置

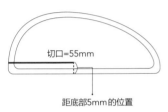

切口=55mm

距底部5mm的位置

● 材料

基底
- **保利龙球** …… 直径50mm的蛋型
- **口金** …… 宽5cm（做旧款）H207-017-4
- **Felket M号** …… 307（红色）基本尺寸1片
- **躯体** …… 834（朱红色）7g

部位
- **眼睛** …… 活动眼睛8mm×2个
- **尾鳍** …… watawata310（原色）、834（朱红色）、Felket305（蓝色）、Felket303（浅蓝色）各少量
- **其他** …… 羊毛绣线：35（黄色）、40（绿色）、Felket307（红色）、Felket318（深粉色）、Felket304（粉色）、Felket305（蓝色）、Felket316（白色）各少量

● 制作方法

1 将保利龙球从纵向对半裁切（参照p.41）。
2 制作口金包的基底（参照p.34）。
3 以watawata为基底制作尾鳍，然后戳刺固定到躯体上。
4 用记号笔描画花纹。
5 用黄色羊毛绣线做出花纹的轮廓和脸部图案。
6 用Felket给花纹上色（＊）。
7 用胶水粘合活动眼睛。

＊也可以用羊毛上色，但本作品常用的是Felket，眼睛的是为了尽量减少花纹与躯体间的高低差，使上色更容易。

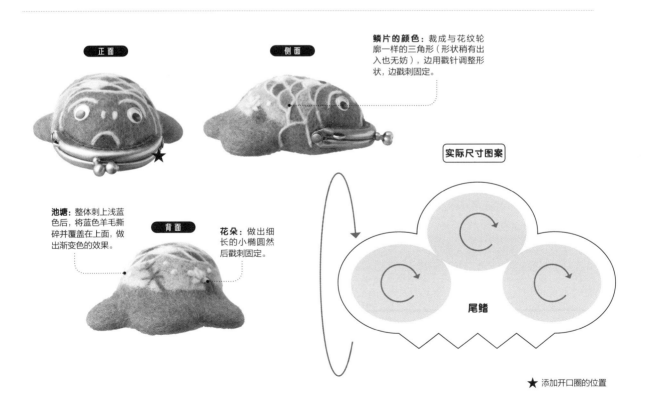

鳞片的颜色：裁成与花纹轮廓一样的三角形（形状稍有出入也无妨），边用戳针调整形状，边戳刺固定。

正面　　　侧面

池塘：整体刺上浅蓝色后，将蓝色羊毛撕碎并覆盖在上面，做出渐变色的效果。

背面

花朵：做出细长的小椭圆然后戳刺固定。

实际尺寸图案

尾鳍

★ 添加开口圈的位置

小猪储蓄罐 —— p.25

实际尺寸
75mm × 50mm × 85mm

口金包基底的切口位置

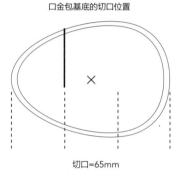

切口=65mm

◉ 材料

基底

保利龙球 …… 直径50mm的蛋型
口金 …… 宽5cm（做旧款）H207-017-4
Felket M号 …… 304（粉色）
　基本尺寸1片和基本的1/2尺寸1片（约60×80mm）
躯体 …… 1（白色）8g、Felket304（粉色）少量

部位

脸部 …… watawata310（原色）约1g、1（白色）、Felket304（粉色）各少量
眼睛 …… 9（黑色）少量
嘴巴 …… Felket318（深粉色）少量
耳朵 …… 1（白色）少量
鼻子 …… Felket304（粉色）少量
四肢 …… watawata310（原色）1g、1（白色）、Felket304（粉色）各少量
尾巴 …… Felket304（粉色）少量
缎带 …… 38（浅蓝色）少量
爱心 …… Felket318（深粉色）少量

◉ **制作方法**

1 制作口金包的基底（参照p.34）。
2 用毡刺针将前端（固定脸部的部分）戳平。
3 用watawata增厚下巴、脸颊、鼻子、四肢，再覆盖并戳刺羊毛，使各部位与躯体平整均匀地融合在一起。
4 用羊毛刺上眼睛。
5 用Felket给背部、鼻尖、脸颊和脚底上色。
6 制作耳朵、缎带，并戳刺固定。
7 用羊毛刺上尾巴和爱心（尾巴的制作方法同p.78"小粉猪"）。

实际尺寸图案

耳朵

四肢

脸部侧面

＊用watawata给脸部增加厚度后再用羊毛覆盖。鼻子用戳针深戳，做出凹陷的感觉。

脸部正面

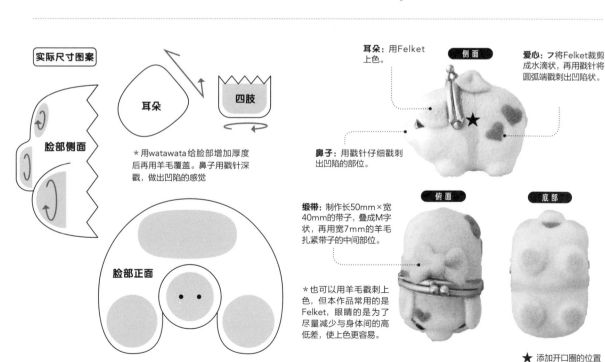

耳朵：用Felket上色。

爱心：フ将Felket裁剪成水滴状，再用戳针将圆弧端戳刺出凹陷状。

侧面

鼻子：用戳针仔细戳刺出凹陷的部位。

缎带：制作长50mm×宽40mm的带子，叠成M字状，再用宽7mm的羊毛扎紧带子的中间部位。

＊也可以用羊毛戳刺上色，但本作品常用的是Felket，眼睛的是为了尽量减少与身体间的高低差，使上色更容易。

俯面

底部

★ 添加开口圈的位置

兔子 —— p.26

实际尺寸
75mm × 50mm × 80mm

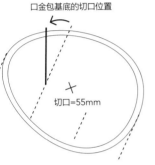

口金包基底的切口位置

切口=55mm

从1/3的位置开始
偏离中心点10mm

◉ 材料

基底	保利龙球 …… 直径45mm的蛋型
	口金 …… 宽4cm（做旧款）H207-015-4
	Felket M号 …… 301（奶油黄）基本尺寸1片
	躯体 …… 807（深米色）6g
部位	头 …… watawata310（原色）约1.5g、807（深米色）少量
	眼睛 …… 眼睛（黑色）4.5mm、31（褐色）、1（白色）各少量
	鼻子 …… Felket304（粉色）、41（褐色）各少量
	嘴巴 …… 1（白色）、41（褐色）各少量
	耳朵 …… 包芯线40mm×2根、807（深米色）、Felket304（粉色）各少量
	四肢、尾巴 …… 807（深米色）少量

◉ 制作方法

1　制作口金包的基底（参照p.34）。
2　以包芯线为内芯卷绕羊毛后，再折弯成耳朵的形状（参照p.46）。
3　制作其他部位，然后戳刺固定到躯体上。依次装上头部、耳朵、四肢、尾巴。
4　用羊毛刺上鼻子和嘴巴，在眼睛的周围添加细细的白色眼线。

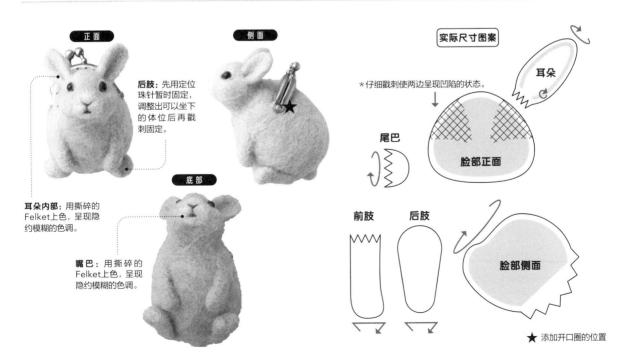

正面

后肢：先用定位珠针暂时固定，调整出可以坐下的体位后再戳刺固定。

侧面

底部

耳朵内部：用撕碎的Felket上色，呈现隐约模糊的色调。

嘴巴：用撕碎的Felket上色，呈现隐约模糊的色调。

实际尺寸图案

*仔细戳刺使两边呈现凹陷的状态。

耳朵

尾巴

脸部正面

前肢　后肢

脸部侧面

★ 添加开口圈的位置

75

花栗鼠 —— p.26

实际尺寸
70mm × 60mm × 60mm

口金包基底的切口位置

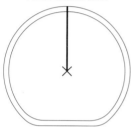

切口=55mm

◉ 材料

基底
- **保利龙球** …… 直径45mm的球型
- **口金** …… 宽4cm（做旧款）
  H207-015-4
- **Felket M号** …… 301（奶油黄）
  基本尺寸1片
- **躯体** …… 803（浅褐色）3g、
  802（浅驼色）1g

部位
- **头** …… watawata310（原色）约1g、
  803（浅褐色）少量
- **脸部** …… 801（灰白色）、
  31（深褐色）各少量
- **眼睛** …… 眼睛（黑色）4mm
- **鼻子、嘴巴** …… 31（深褐色）少量
- **耳朵、四肢** …… 803（浅褐色）少量
- **尾巴** …… 包芯线5cm、803（浅褐色）少量
- **背部花纹** …… 801（灰白色）、31（深褐色）各少量
- **蘑菇** …… 801（灰白色）、834（朱红色）各少量

◉ 制作方法

1 将保利龙球的底部裁切成直径为30mm的剖面（参照p.41）。
2 用浅褐色羊毛卷绕整个保利龙球，然后用浅驼色羊毛给纵向对半的保利龙球戳刺上色（用细细的羊毛束纵向戳刺保利龙球一圈，其内侧用撕碎的羊毛填补）。或者用自制的浅驼色的羊毛片也可以。
3 制作口金包的基底（参照p.34）。
4 制作头部、然后戳刺固定到躯体上。用浅驼色的羊毛片（参照p.41）刺出鼻子到脸颊的部位，并与躯体做好连接（参照p.44）。
5 装上眼睛，然后用羊毛刺上白色的眼线以及脸部的花纹、鼻子和嘴巴。
6 用比躯体稍长的羊毛束在背部戳刺出线条花纹。
7 制作尾巴（参照p.49）。
8 制作耳朵、四肢、蘑菇，然后戳刺固定。

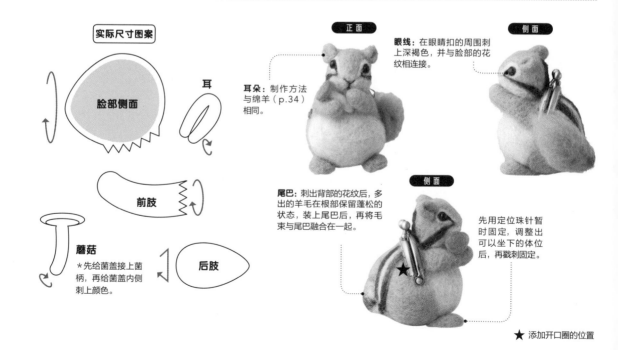

实际尺寸图案

脸部侧面

耳

前肢

后肢

蘑菇
*先给菌盖接上菌柄，再给菌盖内侧刺上颜色。

正面

耳朵：制作方法与绵羊（p.34）相同。

眼线：在眼睛扣的周围刺上深褐色，并与脸部的花纹相连接。

侧面

尾巴：刺出背部的花纹后，多出的羊毛在根部保留蓬松的状态，装上尾巴后，再将毛束与尾巴融合在一起。

侧面

先用定位珠针暂时固定，调整出可以坐下的体位后，再戳刺固定。

★ 添加开口圈的位置

熊猫 —— p.27

实际尺寸
熊猫1：75mm × 50mm × 65mm
熊猫2：60mm × 70mm × 85mm

口金包基底的切口位置

熊猫1：切口=55mm　熊猫2：切口=65mm

◉ **材料**

【 熊猫1 】

基底
保利龙球 …… 直径45mm的蛋型
口金 …… 宽4cm（做旧款）
H207-015-4
Felket M号 …… 301（奶油黄）
基本尺寸1片

部位
躯体 …… 1（白色）6g
头 …… watawata310（原色）约1g、
1（白色）少量
眼睛、鼻子、耳朵 …… 9（黑色）少量
四肢 …… 9（黑色）、806（深灰色）各少量
尾巴 …… 1（白色）少量
胸围 …… 9（黑色）
或Felket309（黑色）少量

【 熊猫2 】

基底
保利龙球 …… 直径45mm的蛋型
口金 …… 宽5cm（做旧款）
H207-017-4
Felket M号 …… 301（奶油黄）
基本尺寸1片

部位
躯体 …… 1（白色）6g
头 …… watawata310（原色）约1g
眼睛、鼻子、耳朵 …… 9（黑色）少量
四肢 …… 9（黑色）、806（深灰色）各少量
尾巴 …… 1（白色）少量
胸围 …… 9（黑色）
或Felket309（黑色）少量

◉ **制作方法**

1. 制作口金包的基底（参照p.34）。
2. 制作各个部位，然后戳刺固定到躯体上。用剪刀将手臂的前端剪开做出手指，然后薄薄覆盖一层撕碎的羊毛，边调整手指的形状，边戳刺固定（参照p.48）。
3. 将头部固定到躯体上，再用羊毛刺出脸部五官。
4. 用定位珠针暂时固定前肢，大致找出胸围花纹的位置。在此基础上用剪刀裁剪羊毛片或Felket，做出花纹形状后再戳刺固定。
5. 戳刺固定后肢和尾巴。

【 熊猫1 】

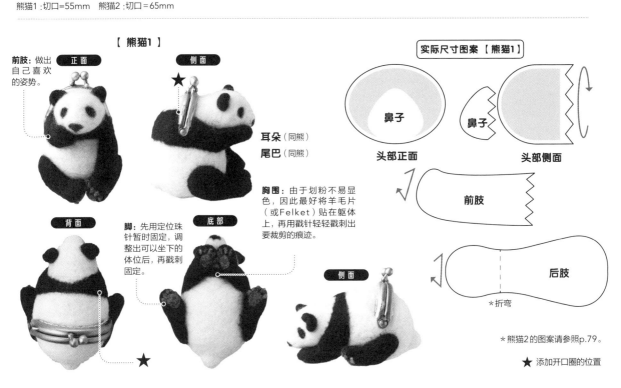

前肢：做出自己喜欢的姿势。

正面　　侧面　　★

耳朵（同熊）
尾巴（同熊）

胸围：由于划粉不易显色，因此最好将羊毛片（或Felket）贴在躯体上，再用戳针轻轻戳刺出要裁剪的痕迹。

背面　　**脚**：先用定位珠针暂时固定，调整出可以坐下的体位后，再戳刺固定。

底部　　侧面　　★

实际尺寸图案 【 熊猫1 】

鼻子　　鼻子
头部正面　　头部侧面

前肢

后肢

*折弯

*熊猫2的图案请参照p.79。

★ 添加开口圈的位置

77

小粉猪 —— p.28

实际尺寸
85mm×55mm×85mm

口金包基底的切口位置

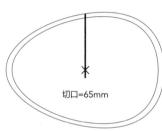

切口=65mm

◉ **材料**

基底
| |
- **保利龙球** …… 直径50mm的蛋型
- **口金** …… 宽5cm（做旧款）H207-017-4
- **Felket M号** …… 304（粉色）
  基本尺寸1片和基本的1/2尺寸1片（约60×80mm）
- **躯体** …… 22（淡粉色）8g

部位
- **脸颊** …… 36（粉色）少量
- **眼睛** …… 眼睛（黑色）5mm
- **鼻子** …… 22（淡粉色）1.2g、36（粉色）、41（褐色）各少量
- **嘴巴** …… 41（褐色）少量
- **耳朵** …… 22（淡粉色）1g、36（粉色）各少量
- **四肢** …… 包芯线40mm×4根、22（淡粉色）、36（粉色）各少量
- **尾巴** …… 36（粉色）

◉ **制作方法**

1 制作口金包的基底（参照p.34）。
2 制作各个部位，然后戳刺固定到躯体上。以包芯线为内芯制作前肢。
3 装上眼睛后，用羊毛添加眼皮和脸颊。
4 用羊毛刺上嘴巴、鼻子和尾巴。

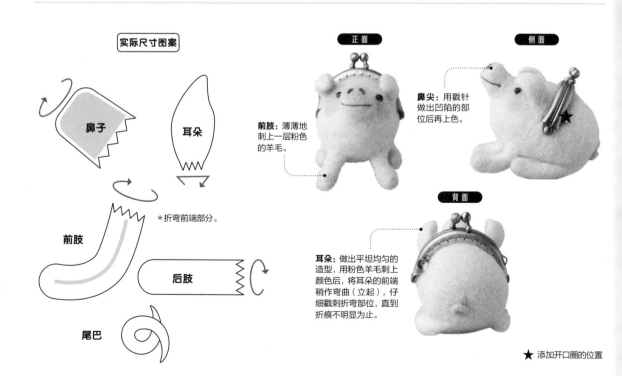

实际尺寸图案

鼻子

耳朵

*折弯前端部分。

前肢

后肢

尾巴

正面

侧面

背面

前肢：薄薄地刺上一层粉色的羊毛。

鼻尖：用戳针做出凹陷的部位后再上色。

耳朵：做出平坦均匀的造型，用粉色羊毛刺上颜色后，将耳朵的前端稍作弯曲（立起），仔细戳刺折弯部位，直到折痕不明显为止。

★ 添加开口圈的位置

实际尺寸图案

（北极熊、棕熊、黑熊、熊猫1、熊猫2）

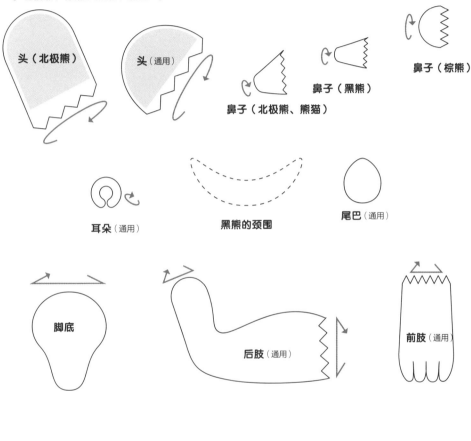

【 北极熊、棕熊、黑熊、熊猫1 】

头（北极熊）

头（通用）

鼻子（北极熊、熊猫）

鼻子（黑熊）

鼻子（棕熊）

耳朵（通用）

黑熊的颈围

尾巴（通用）

脚底

后肢（通用）

前肢（通用）

【 熊猫2 】

头、耳朵、尾巴与熊猫1相同

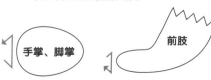

手掌、脚掌

前肢

*戳刺毡化脚掌（手掌）
后，旋转90°，制作大腿
（手臂）

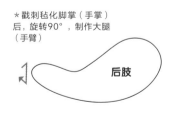

后肢

素材出处　HAMANAKA（Felket羊毛、毛线、口金）
　　　　　http://www.hamanaka.co.jp/
　　　　　RainbowSilk（手纺线）
　　　　　http://rainbow-silk.jp/wp/
道具出处　可乐（CLOVER）的戳针、戳笔、
　　　　　工作垫、手缝针、木锥
　　　　　http://www.clover.co.jp/

日方工作人员
摄影　　　福井裕子
书籍设计　吉田香织（Studio Dank）
款式　　　露木蓝（Studio Dank）
校阅　　　mine工房
编辑　　　加藤风花（Studio Porto）
　　　　　大泽洋子（文化出版局）
日语版发行人　大沼 淳

伊の屋
Noriko Ito

童年时期，在母亲的熏陶下尝到了手作的乐趣。随着不断的成长，对艺术和设计也渐渐产生了兴趣。作为一名前WEB设计师，经历了15年与电脑朝夕相处的工作生活。直到后来"邂逅"了羊毛毡，再次被手作的魅力俘获。于2014年起，入驻手作网站minne开启作家的新事业。不久更开始从事以羊毛毡口金包作品为主的销售工作。同年，凭借作品"刺猬袖珍口金包"斩获2014"minne大奖"。
作为一名作家，理想是创作出一个集齐各种动物造型的口金包乐园。

minne艺廊：http://minne.com/inoya-zacca
Twitter：@inoya_zacca

原文书名：どうぶつまめぐち 羊毛フェルトで作るマスコットみたいな
原作者名：いとうのりこ（伊藤规子）
DOUBUTSUMAMEGUCHI YOUMOFELT DE TSUKURU MASCOT MITAINA
by Noriko Ito
Copyright © Noriko Ito, 2017
All rights reserved.
Original Japanese edition published by EDUCATIONAL FOUNDATION BUNKA GAKUEN BUNKA PUBLISHING BUREAU
Simplified Chinese translation copyright © 2019 by China Textile & Apparel Press
This Simplified Chinese edition published by arrangement with EDUCATIONAL FOUNDATION BUNKA GAKUEN BUNKA PUBLISHING BUREAU, Tokyo, through HonnoKizuna, Inc., Tokyo, and Shinwon Agency Co. Beijing Representative Office, Beijing
本书中文简体版经日本文化出版局授权，由中国纺织出版社独家出版发行。
本书内容未经出版者书面许可，不得以任何方式或任何手段复制、转载或刊登。
著作权合同登记号：图字：01-2018-7788

图书在版编目（CIP）数据

呆萌可爱的动物造型羊毛毡口金包／（日）伊藤规子
著；吴一红译. -- 北京：中国纺织出版社，2019.7
　　ISBN 978-7-5180-6188-4

　　Ⅰ．①呆… Ⅱ．①伊… ②吴… Ⅲ．①羊毛—毛毡—
手工艺品—制作 Ⅳ．①TS973.5

　　中国版本图书馆CIP数据核字（2019）第088507号

策划编辑：阚媛媛　　责任编辑：李 萍
责任印制：储志伟　　责任校对：江思飞　　装帧设计：培捷文化
中国纺织出版社出版发行
地址：北京市朝阳区百子湾东里A407号楼　邮政编码：100124
销售电话：010—67004422　传真：010—87155801
http://www.c-textilep.com
E-mail：faxing@c-textilep.com
中国纺织出版社天猫旗舰店
官方微博http://weibo.com/2119887771
北京华联印刷有限公司印刷　各地新华书店经销
2019年7月第1版第1次印刷
开本：787×1092　1/16　印张：5
字数：87千字　定价：49.80元

凡购本书，如有缺页、倒页、脱页，由本社图书营销中心调换

DOUBUTSU

MAMEGUCHI

ISBN 978-7-5180-6188-4

9 787518 061884 >

定价：49.80元